KB189667

바이오학자가 만난 소소(炤炤)한 사람들

밝고 환한

제2막의 시작

김은기

디아스포라

바이오학자가 만난
소소(炤炤)한 사람들

밝고 환한

김은기

서울대학교 화공과를 졸업하고 미국 조지아공대 박사학위 취득 후 현재 인하대학교 공대 생명공학과 교수로 재직하고 있다.
한국생물공학회장, 한국화장품협회 부회장을 역임하고 피부 소재 국가지정연구실(NRL)을 운영하며 바이오와 피부 소재를 연구하고 있다. 국제 SCI급 논문 120편과 특허 45건이 있다.
바이오융합연구소장으로 중앙일보(선데이) '김은기의 바이오 토크' 全面 칼럼을 7년간 연재했다. 삼성 SERI 강의 강사, 경인방송 고정 출연 및 포탈(바이오스토리하우스)을 통해 바이오 과학 기술을 대중에게 알리고 있다.

저서로는 『피부 나이를 거꾸로 돌리는 바이오 화장품』(2020, 전파과학사), 『미래의 최고 직업 바이오가 답이다』(2019, 전파과학사), 『톡톡 바이오 노크』(2018, 전파과학사), 『쓸모없는 아이디어는 없다』(2017, 전파과학사, 창의재단 우수과학도서), 『손에 잡히는 바이오 토크』(2015, 디아스포라, 창의재단 우수도서), 『자연에서 발견한 위대한 아이디어 30』(2013, 지식프레임, 창의재단 우수도서)과 다수 공저가 있다.

차례

책을 펴내며

그동안 만난 사람들의 소소한 이야기를 정리했습니다. '그동안'이란 1989년 3월부터 지금까지 32년간입니다. '사람들'은 대학, 학회 동료들, 제자들, 친구들, 이웃들 그리고 여행에서 만난 사람들입니다. '이야기'는 나에게 흔적을 남긴 사건들입니다. '정리'해야 하는 이유는 대학 정년으로 인생 전반전을 마무리하고 후반전을 준비해야 하기 때문입니다.

32년 대학생활은 연구실, 강의실, 그리고 연구실 밖이 전부입니다. 가장 많이 얼굴을 보며 지낸 연구실 제자 석·박사들이 88명입니다. 그들과 술 먹으며 나눈 이야기, 결혼식 주례사는 지금도 또렷합니다. 하지만 자정까지 술 먹고 수위아저씨를 피해 창문 넘어 연구실에 다시 들어온 졸업생 이야기를 이곳에서 하기는 좀 그렇습니다. 재미있는 이야기이지만 제자가 곤란해질 수 있으니까요. 결국 32년 학교생활 기억을 뒤탈이 없게 글로 남기는 안전한 방법은 내 이야기를 하는 것입니다. 생각날 때마다 끄적였던 글들 중에서 몇 편은 학회소식지에 싣기도 했습니다. 생물공학회의 지면 제공에 감사합니다. 이십 년 전 글들이다 보니 중언부언 쓸데없는 말들이 난무해 읽기가 불편한 부분도 있습니다. 그래도 그게 살아온 흔적이려니 하고 그대로 옮깁니다.

1장에서는 주위에서 만난 사람들 이야기입니다. 소소한 일상들이지만 지금까지 내 두뇌에 깊이 박혀 있는 걸 보면 소소하지 않은 굵직한 기억들입니다. 그때 그 일화들은 생각만 해도 웃음이 납니다.

2장은 학교, 학회에서 있었던 일들과 대학생 때 추억이 버무려 있습니다. 개인적인 감상이 들어간 부분은 한밤중 취중에 쓴 연애편지를 다음 날 아침에 읽어 보는 것처럼 계면쩍지만 그래도 그때는 나름 심각한 고민이었으리라 생각하고 개인 역사로 남겨두렵니다.

3장은 여행에서 만난 사람들에 대한 기억입니다. 2004년 중국이 외부에 막 문을 열었을 때 멋모르고 다녀온 티베트(중국 서장성)는 지금 되돌아보면 너무 귀중한 경험입니다. 중국어라고는 "쎄쎄"가 전부인 나를 한 달 동안이나 티베트 오지로 데리고 다닌 故 김동만 목사님, 감사합니다.

4장은 그동안 외부매체에 게재한 과학칼럼 중에서 기억에 남는 몇 개를 골라 실었습니다. 중앙선데이 '김은기 바이오 토크' 칼럼은 날밤을 새우게도 했지만 큰 즐거움이도 했습니다. 왕초보를 중앙일보에 무작정 추천해준 황은오 작가의 끝없는 격려 덕분에 7년 연재를 무사히 마칠 수 있었습니다. 어려운 출판시장에서도 가장 힘들다는 과학책 출판을 끝까지 밀어주는 전파과학사(디아스포라) 손동민 대표는 든든한 지원군입니다.

글쟁이도 아닌 공대 선생이 더듬더듬 쓴 글들을 모아서 책으로 묶은 이유는 하나입니다. 소중한 추억들을 만들어주는 주위 사람들이 고마워서입니다. 전반전을 큰 탈 없이 지날 수 있음에 감사해서입니다. 이제 나의 영원한 감독이자 코치인 가족들과 머리를 맞대고 어떤 즐거운 후반전을 만들지 상상할 때입니다.

2020.11

지은이

1장
사람들이 좋다

커피

커피에 설탕을 넣고
크림을 넣었는데
맛이 싱겁군요.
아~ 그대 생각을 빠뜨렸군요.

죽어본 사람

같은 아파트에 사는 친구로부터 전화가 왔다. 혹시 L 사장에게서 무슨 연락이 없었냐고 묻는다. 벌써 며칠째 핸드폰도 꺼진 상태고 그의 부인 핸드폰도 마찬가지라는 것이다. 회사에는 본인이 연락할 터이니 당분간 연락하지 말라는 전화만 왔었다고 한다. 이런 행동은 우리가 알던 평상시의 L 사장으로는 도저히 있을 수 없는 일이었다.

L 사장은 키가 180㎝를 훌쩍 넘는 거구다. 그의 체구만큼이나 큰 목소리와 커다란 이목구비의 얼굴을 보노라면 모래사장에 우뚝 선 씨름선수를 연상케 한다. 지방에서 태어나 그곳 대학을 졸업하고 그곳 공장에 입사하여 공장장이 되었다. 처음부터 뼈가 굵은 현장 통이다. 그런 그가 드물게 사장으로 발탁될 수 있었던 것은 일에 대한 그의 끝없는 열정 덕분이었다.

남자들만 모이는 자리는 말할 것 없고, 어쩌다 가진 부부모임 자리에서도 그의 이야기는 일로 시작해서 일로 끝난다. 다른 이야기를 시작한다 싶으면 그것도 결국은 회사 일로 이어지기 위한 전초전일 뿐이었다. 덕분에 우리는 그가 하는 일을 자세히 알게 되었고 어떤 경우는 우리가 먼저 회사에 관하여 물어보기도 하였다.

덩치가 있는 만큼 술도 많이, 자주 마셨다. 그를 처음 만날 때도 자정이 넘은 시간 동네 슈퍼 앞에서 맥주 캔을 쥐고 있었다. 술자리에는 빠지지 않았고 '술상무' 역할을 스스로 도맡아 하고는 했다. 회사 사장의 모습이 여러 가지이지만, 그는 말하자면 몸으로 직접 뛰는 타입이다.

잠적했던 그가 다시 모습을 나타낸 것은 소식이 끊기고 일주일을 넘긴 후였다. 한 손에는 우리에게 나누어 주겠다며 강원도 속초에서 산 젓갈을 들고 호프집으로 들어섰다. 궁금해하던 우리에게 그는 지난 일주일간의 이야기를 털어놓았다.

L 사장은 중국 출장길에 올랐다. 한 달에 서너 번은 다녀올 만큼 요즘 중국에서의 거래가 늘어났다. 어제 마신 술 덕분인지 불편한 속을 달래려고 비행기 내에서 맥주를 마셨지만 가라앉을 기미가 보이지 않았다. 늘 있는 정도의 불편한 속이려니 했지만 조금씩 더해지더니 이제는 따끔따끔 아프기 시작했다. 병원을 찾으려 했지만 여기는 중국이었다. 통역을 구하는 것도 번거로웠지만 심심찮게 보도되는 중국 병원에서의 의료사고 소식은 병원 방문을 망설이게 했다.

다행히 그렇게 견딜 수 없는 정도는 아니어서 여행 가방을 뒤지기 시작했다. 늘 출장을 다니는 남편을 위해서 아내가 챙겨주는 구급약 봉지를 찾았다. 전에는 여러 종류가 있던 것 같더니 이번에는 진통제 몇 알만 보였다. 머리가 아플 때 아내가 한 알씩 먹던 하얀 알약이었다. 그 하얀 진통제는 머리 아픈 것을 금방 가라앉혀서 지금처럼 많이 아플 때는 아주 긴요한 것이었다. 그런데 하필 정작 필요할 때 몇 알만을 넣다니…. 툴툴거리며 두 알을 털어 넣고 속이 가라앉기를 기다렸다.

그 사이에도 중국 측 회사와의 미팅은 계속되었다. 저녁에는 여지없이 술자리가 이어졌고 술기운으로 통증이 가셨지만 밤이 되면 다시 쓰리기 시작했다. 삼사 일간 속이 계속 아팠고 그때마다 진통제를 털어 넣었다. 열 개 있던 진통제가 떨어졌다. 진통제를 충분히 넣지 않은 부인의 부주의함을 탓했다. 호텔에도 진통제는 없었다. 복통은 가라앉지 않았다. 그리고 속은 더 이상 참기가 어려웠다. 할 수 없이 일을 중간에 마치고 급히 귀국 항공편을 찾아야 했다. 공항 화장실에서 뱉어낸 침에는 붉은색이 보였다. 비행기 입구에서 혹시 탑승객 내에 의사가 있는지를 승무원에게 물었다. 더 아파지면 도움을 받을 수 있을까 하는 마음에서다. 하지만 정작 승무원들은 이 사람을 태울까 말까를 서로 눈빛으로 묻고 있었다. 우선 비행기로 서울은 가야 했다. 그냥 물어봤다 하고 급히 입구를 지나 자리에 앉았다.

집에 도착하자마자 L 사장은 근처 병원으로 달려갔다. 자주 소주잔을 나누곤 하는 의사 친구의 동네 병원이다. 급히 내시경을 마친 의사의 표정이 굳었다. 큰 병원으로 급히 가라는 것이었다. 늘 싱글벙글하던 그의 정색한 모습에 순간 무엇이 아주 잘못되었다는 것을 알 수 있었다. 하지만 되묻지 않을 수가 없었고 의사는 위암 말기라는 말을 남기고 돌아섰다. 위암 말기. 별생각이 안 들었다. 위암 말기라는 단어가 의미하는 것이 무엇인가만 한참 생각했다.

그의 시야를 어지럽게 맴도는 것은 검붉은색의 핏덩어리가 위의 절반을 덮은 위내시경 사진이었다. 위암 말기라는 말에 갑자기 울음이 터진 것은 그가 아니라 옆에 있던 부인이었다. 중국에서부터 진통제를 찾더니 급기야 아프다며 일찍 와서는 사형선고나 다름없는 진단을 받다니.

두 사람은 그날 짐을 꾸려 강원도로 향했다. 수술을 할 수 있을지는 확신할 수 없다는 의사의 말은 이제 얼마 안 남았다는 또 다른 표현이었다. 부부는 삶을 정리할 시간을 갖기로 했다. 충격이 채 가시지 않았지만 강원도로 가는 차 안에서 꼭 가고 싶었던 곳과 가장 하고 싶었던 것을 찾았다. 그래서 L 사장은 설악산 백담사 계곡으로 차를 몰았고 가는 도중에 시장에 들러 청바지를 사 입었다. 늘 입고 싶었지만 회사 업무상 입지 못했던 청바지였다.

우선 회사에 연락을 해야 했다. 그만두어야겠다는 L 사장 말에 회장은 펄쩍 뛰었다. 이제 회사는 L 사장 취임 이후로 급성장하고 있었고 그것이 L 사장의 성실함 덕분임을 회장도 알고 있었다. 사정을 듣고 난 후에도 회장 마음은 크게 변하지 않았다. 일을 좋아하는 사람에게는 일이 오히려 도움이 될 수 있다, 수술받고 나면 회복될 수도 있다, 공석이어도 좋으니 사표를 내지 마라, 끈을 놓지 마라, 포기하지 마라. 회장은 회사 운영을 걱정하는 것이 아니라 진심으로 그를 염려해 주고 있었다.

내가 세상을 크게 잘못 살지는 않았구나 하는 뿌듯함과 동시에 내가 왜 지금 세상을 떠나야 하는가 하는 억울함이 함께 밀려왔다. 그동안 바닥부터 고생해 왔고 이제 겨우 살만해지려고 했는데… 내가 무슨 죄를 지었기에 지금 나를 데려가려 하는 것일까, 내가 왜, 왜 나만, 누군가를 향한 원망에 사람들이 보기 싫어졌다. L 사장은 휴대폰에서 배터리를 떼 내어 세상과의 연락을 끊었다.

아이들에게는 아직 알리고 싶지 않았다. 하지만 이제 아이들도 대학생이 되었다. 차 안에서 이야기를 꺼냈지만 아들들은 오히려 담담했다. 위암 말기라는 것이 무엇을 의미하는지를 모르는 것일까, 아니면 아버지 앞에 갑작스럽게 닥친 죽음이라는 단어에 넋을 잃은 것인가. 말이 없어진 아들들에게 하는 말들이 유언처럼 들리는 것 같아서 흐려진 눈시울을 감추려고 차를 세우고 밖으로 나왔다. 그곳에 동해안의 파도가 있었다. 출장길에 매번 보던 파도였다. 늘 거기 있었기에 그것이 파도라는 것조차도, 그리고 한순간도 같은 모습을 하지 않고 변화무쌍하다는 것조차도 몰랐던 파도였다.

그런데 지금은 뭔가 달라 보였다. 갑자기 파도 한 알 한 알이 보이기 시작했다. 부서지는 파도의 하얀 물방울과 검푸른 바다에서 떨어져 나온듯한 검은 물방울이 처음 보는 빛처럼 새로웠다. 파도가 이렇게 생겼구나, 파도가 하얀빛으로 부서지는구나, 파도 소리가 바람 소리 같구나, 이렇게 모래 쓸리는 파도 소리는 다가올 때와 밀려갈 때가 다르구나. 왜 이런 것들이 예전에는 안 보였을까.

L 사장은 처음 보는 사람처럼 파도를 한참 들여다보았다. 살고 싶었다. 이렇게 눈부신 파도를 오랫동안 보고 싶었다. 주위를 돌아보았다. 저기 바다, 저기 먼 산이 눈에 박히는 듯 다가왔다. 좀 더 머물고 싶었다. 여기 아름다운 세상에서 더 살고 싶었다. 가족들이 눈에 들어왔다. 걱정스러운 모습의 그들이 눈에 와서 박힌다. 저들과 더 지내고 싶다. 같이 밥도 먹고, 같이 웃고 싶다. L 사장은 죽는 날까지 제대로 살고 싶다는 생각에 두 손을 불끈 쥐었다. 그리고는 서울을 떠나올 때부터 꺼 놓았던 휴대폰을 켰다. 종합병원에 수술이라도 가능한지를 알아보기 위해 위암 말기 판정을 내린 친구 의사에게 전화를 걸었다. 의사가 아주 반갑게 전화를 받는다. 그렇지 않아도 전화가 오래 꺼져 있어서 무척 걱정했었다고 한다. L 사장이 동해안 절벽으로 차를 몰지나 않았는지 걱정한 말투였다.

전화 속 의사의 말이 조심스럽다. 이상한 것은 조직검사 결과 음성, 즉 암이 아니라는 것이다. 의사 본인 눈에 보였던 검붉은 핏덩이, 그리고 거의 구멍이 난 위장 모습은 여지없는 위암 말기여서 그렇게 이야기했던 것인데 검사 결과가 이상하다는 것이다. 본인의 수십 년 의료 경험상 틀린 적이 없었고 그래서 다시 한번 넓은 범위로 조직검사를 해보자는 것이다. 그리고는 아주 조심스럽고 의심스러운 목소리로 묻는다.

"L 사장, 혹시 중국에서 술 먹고 속 쓰려서 배 아플 때 아스피린 먹었어?"
"아스피린? 음, 있던 열 알 다 먹고 없어서 더 못 먹었는데."
"열 알씩이나?"
의사가 말이 없다.
왜, 뭐 잘못되었어 라고 물어보려는 그 순간, 그의 귀에 의사의 고함이 날아든다.

"이런 정신없는 사람 같으니, 배 아플 때 아스피린 먹으면 피가 멈추지 않아서 위출혈이 생기는 것도 몰라? 그것도 열 알씩이나! 더 없었으니 천만다행이야. 더 먹었으면 갔지 갔어. 여하간 자살 안 하고 살아 있어서 다행이야. 돌아와서 약 먹어!"

L 사장의 이야기에 우리들은 한참을 웃었다. 그리고는 그를 죽어본 사람이라고 부러워했다.

그녀의 윈

그녀를 만난 곳은 싱가포르 외곽의 한 으
으면 금방이고 꽤 괜찮은 곳이라고 호텔 보이
고생길의 시작이었다. 호텔 문을 나서자마자 훅
막히게 한다. 끈끈한 습기까지 곁들인 적도 지방의
가 피어오르는 사우나다. 처음부터 맘에 들지 않던 날씨
즘 들어 부쩍 늘어난 투덜거림에 날씨마저 한몫한다.

사람이 간사하다. 서울 추위가 아파트 수도를 얼려 터트릴 때는 뜨끈뜨끈한 열대 지방의 나라에서 반팔로 활보하면 어떨까 상상하곤 했다. 마침 하고 있는 연구와 관련된 학회가 개최되는 곳이라기에 발표를 해야 하는 의무감 반, 호기심 반으로 온 곳이기도 하다. 하지만 공항에 내린 순간부터 한국의 쌀쌀한 겨울바람이 그리워지며 툴툴거리는 소리가 내 입에서 맴돈다.

일행은 외국 학회가 처음인지 싱글벙글하다. 사백
가포르란 나라가 왜 이런 선진국이 될 수 있는지, 공
어떻게 시내 한가운데까지 연결되어 있는지 신기해한
할 수도 없어서 대꾸는 하지만 별로 흥이 나지는 않는다.
지 탓인가.

한 기분을 끈끈한 날씨 핑계로 대기에는 이 도시의 냉방시설
벽했다. 전철도, 택시도, 그리고 호텔 내부도 시원한 에어컨이
돌아가고 있으니 날씨 탓은 아니다. 아니 좀 더 솔직해진다면 나
오기 전부터 해외 학회 자체에 시큰둥해져 있었다.

몇 해 전까지만 해도 해외란 말만 들어도 가슴이 설레었다. 그리고
그 시간부터 머릿속은 그곳 그림으로 가득했다. 지나가는 도시 풍경
과 시내 광장에서의 생맥주 한 잔에 즐거워하던 기억이 바로 전이다,
하지만 이제 해외 학회는 해내야 하는 일로, 참가해야 하는 출장으로
변했다. 아마도 긴 여행을 하기에는 체력이 떨어진 탓이 아닐까 스스
로 변명을 해보지만 개운치는 않다.

열 시간이 넘어가는 긴 비행은 공포 그 자체이기도 하다. 공항에 들
어설 때면 이 고생을 어찌 하나 하는 생각에 어떡하면 좀 더 편한 좌
석을 받을까, 옆자리는 안 빌까, 좌석이 업그레이드되지는 않을까 기
대한다. 언제부터인지 비행기 창가 좌석에 앉아본 기억이 없다. 좁은
좌석에 앉아서 움직이지도 못하고 몇 시간을 간다는 생각만 해도 폐

소공포증에 가깝게 나를 옥죄인다. 그러다가도 나의 간사함에 쓴 웃음을 짓는다. 대학 부임 후 처음으로 비행기 타고 뉴욕 학회에 가던 날, 나는 망설임 없이 창가 자리를 택했고 창에 머리를 박고는 바깥 풍경에 긴 시간 눈을 떼지 못했다. 이부자리를 펼쳐 놓은 구름, 그 구름 위로 차오르는 불붙은 태양, 한 손에 잡히는 눈 덮인 산, 물결치는 사막의 모래밭이 아이맥스 영화처럼 내 눈에 꽂혔다. 그런 내가 이제는 창가 좌석은 절대 앉아서는 안 되는 감옥으로 알고 있다. 저질 체력 탓이라 애써 변명해보지만 배부른 자 이야기다.

이곳 야시장을 택한 이유는 싱가포르 시내 횟집이 비싸기도 했지만 일행의 왕성한 호기심 때문이다. 그런 호기심이 나에게는 먼 옛날이야기로 이제는 모든 게 시들하다. 마치 가기 싫은 해외 학회에 창가 좌석을 배정받은 기분으로 야시장을 터벅터벅 끌려가고 있었다. 도착하면 시원한 에어컨이 날 살리겠지. 하지만 눈앞의 횟집센터는 에어컨이 팡팡 돌아가는 건물 내부가 아니라 운동장 같은 야외 재래시장이었다. 몇 푼 아끼겠다고 따라온 나의 우둔함을 탓해보지만 이미 늦었다. 오늘도 역시 재수 없는 날인 걸 어쩌랴 포기를 한다.

이곳 싱가포르 횟집센터는 서울 어느 먹자골목을 연상시킨다. 다른 점이라면 일렬로 늘어선 먹자골목에 비해서 이곳은 커다란 광장을 중심으로 수십 개 횟집들이 원형으로 늘어서 있다. 서로 다른 종류 생선회와 음식들을 팔고 있어서 처음에 들어와서는 대개 한 바퀴를 쭉 돌게 마련이다. 많은 사람들이 모여 있었다. 외국인이 드문 재래시장이라서인지 금세 몇 사람이 달라붙는다. 가격을 보니 싱가포르 시내와 크게 다름이 없다. 호텔 보이 녀석이 가격을 잘 알지도 못하면서 소개를 해주었구나. 가서 뭐라고 해야지. 채 반 바퀴도 못 돌고 극성스럽게 따라붙는 할머니에 이끌려 구석 자리에 앉았다. 후끈거리는 날씨, 꽉 차 있는 사람 열기, 열대의 끈끈함을 달래기에 천장의 선풍기는 턱없이 작았다.

음식을 시키고 맥주로 갈증을 달랬다. 맥주마저 미지근했다. 왜 시원한 맥주조차 없는 거야, 목멘 소리가 절로 나온다. 앞 동료는 쇼윈도 속 음식들이 무엇으로 만들어진 것인지 나에게 열심히 설명을 하고 있다. 그 소리는 한 귀로 흘러나가고 있었다. 그때였다. 한 무리 사람들이 늘어선 메뉴판을 둘러보면서 지나갔다. 다른 사람들과는 무언가 다른 그들의 모습이 나를 잡아끌었다. 네 명이었다. 그들은 가운데 사람을 둘러싸듯 가면서 뭔가를 설명해주고 있었다. 이 사람들이 뭔가 달라 보이는 이유를 유심히 보고 나서야 알 수 있었다. 한 사람 손에 흰색 지팡이가 들려 있었다. 한가운데에서 걷고 있는 사람은 시각장애인이었다. 젊은 여자였다.

서울에서 시각장애인을 자주 보는 곳은 지하철이다. 구걸 목적으로 지하철을 오가는 그들은 대부분 나이가 든 사람들이었다. 그리고 홀로 다녔다. 지팡이로 바닥을 두들기면서 다니는 그들의 표정은 늘 어둡다. 동냥을 하는 입장에서 표정이 밝을 수는 없겠지만 늘 무표정이었다. 몇 개의 동전을 건네주어도 대부분 무표정으로 고개를 수그린다. 그 무표정에 더욱 무안해져서 내민 손을 얼른 손을 거두고는 했다. 그렇게 각인된 그들 모습이었다.

하지만 지금 저 앞을 지나가는 저 여자는 앞을 못 보는 사람이란 걸 눈치 못 챌 만큼 다른 모습이었다. 무엇 때문인가. 내가 그곳에서 눈을 떼지 못하자 앞에 있던 동료도 그곳을 바라본다. 그들, 그 여자를 포함한 네 명은 가족, 친척처럼 보였다. 그녀는 삼십 대 초반쯤 되어 보인다. 앞에 가던 동생쯤 되어 보이는 여자가 뒤를 바라보면서 무언가 설명을 하고 있었다. 옆에 있는 메뉴판을 보면서 요리 종류를 설명하는 것 같았다. 뒤를 따라가는 남자는 그 여자에게 생선 모습을 보여 주려는 듯 잠시 멈출 때마다 요리 방향으로 돌아서도록 도와주고 있었다. 그 여자는 마치 눈앞에 진열된 생선요리를 보는 것처럼 고개를 돌리고 끄떡이고는 무어라 이야기했다. 그들은 웃고 있었다. 무엇에 홀린 듯 나는 그들을 바라보고 있었다. 그리고는 저 여자가 진짜 앞을 못 보는지 다시 한번 바라보았다. 그녀는 마치 눈을 뜨고 있는 것처럼 우리가 지나왔던 상점 앞 요리들을 바라보며 지나갔다.

짧은 시간이지만 그들의 웃는 모습은 차가운 에어컨 바람처럼 나를 휘감았다. 갑자기 말이 없어진 나를 앞 동료가 이상하다는 듯 바라보았다. 그들이 다시 모습을 나타낸 것은 내가 두 번째 잔을 채웠을 때였다. 아마도 둥그렇게 늘어선 상점들을 다 돌아다녀 보고 무엇을 먹을까 결정한 듯 무어라 이야기하면서 몇 테이블 건너편에 둘러앉는다. 메뉴를 가운데 놓고 웃는 그 여자가 보인다. 혹시 부유한 시각장

애인인가. 하지만 이곳은 서민들이 즐겨 찾는 변두리 야시장 같은 곳이다. 또한 그들 옷차림새는 밝았지만 비싸 보이지는 않았다. 부자여서 웃을 수 있을지도 모른다는 내 무지함에 실소를 한다.

테이블에 둘러앉은 사람들이 모두 웃고 있었다. 기다리던 요리가 나오자 그들은 다시 한번 박수를 친다. 가운데 그 여자도 접시를 바라보면서 즐거워한다. 상자를 열자 나오는 아이스크림을 보고 좋다고 박수를 치는 어린아이 모습이다. 내가 저렇게 무엇을 보고 즐거워하던 것이 언제인가 기억해 보려 애쓴다. 그 테이블이 갑자기 조용해졌다. 앞에 음식을 차려놓고 그들은 기도를 시작하고 있었다. 그 여자의 낭랑한 기도 소리가 이곳까지 들려오는 듯했다. 갑자기 번쩍하는 빛이 난다. 사진을 찍는다. 아마 오랜만의 외출을 기념하려나 보다. 그 가운데에서 그녀가 두 손가락으로 V자를 만들어 보인다. 카메라를 바라보면서 그녀가 윙크를 한다.

앞의 동료가 다시 무어라 하지만 미처 귀에 들어오지 않는다. 갑자기 갈증을 느꼈다. 나는 앞에 놓인 맥주잔을 들었다. 차갑게 튀어 오르는 맥주 맛에 몸이, 마음이 시원해진다. 미지근했던 맥주가 갑자기 왜 차가워졌나 맥주잔을 다시 내려다본다. 그녀의 윙크가 거기 있다.

연탄가스와 고스톱

얼마 전 중국 북경에 다녀올 일이 있었다. 여름과 달리 겨울 북경은 매콤한 냄새와 함께 눈이 따갑고 시내 전체가 뿌연 안개 속에 싸여 있었다. 연탄으로 인한 심한 매연이었다. 오가는 사람들의 허름한 옷차림, 붉은 벽돌의 변두리 집들, 그리고 매콤한 연탄 냄새가 왠지 익숙하다. 이런 모습은 내가 자란 동네 모습을 떠오르게 했다.

연탄은 구멍이 19개라서 '19공탄'이라고 불렸다. 대학 시절 자취방은 늘 연탄과의 전쟁이었다. 연탄 두 개를 줄로 세워 화덕에 넣는다. 아랫것이 타서 하얗게 변하면 새로운 것을 위에 올려서 갈아야 한다. 늘 신경 써야 하는 어린아이 같은 존재가 연탄이다. 자취방의 유일한 난방 수단인 연탄은 제때 갈아주어야 화력을 유지한다. 시간을 놓칠 경우 옆방 할머니에게 연탄을 빌려와야 한다. 하지만 들쑥날쑥한 생활에 연탄을 늘 꺼뜨리기 일쑤이고 덕분에 자취방에 떠 놓은 물은 땅땅하게 얼어 있었다.

졸업반 시절, 지금은 대학교수인 H와 하숙을 시작했다. 연탄을 제대로 갈지 못해서 냉방으로 보낸 일 년을 다시 반복하기에는 몸이 더 이상 버틸 것 같지 않았다. 무엇보다도 연탄가스 중독으로 인한 사고 소식이 심심찮게 보도되었기 때문이다.

화학공학을 배우고 있었던 그 시절에 연탄가스는 나와 아주 밀접한 관계에 있었다. 심지어 기말시험에 19공탄 구멍 크기에 따라 언제, 얼마나 많은 연탄가스가 발생하는가를 계산하는 고난도 문제가 출제되어 애를 먹이기도 했다. 그때는 얼마나 많이 연탄가스가 나오는가를 배웠다면 지금은 연탄가스가 어떻게 사람을 죽게 만드는가를 강의하고 있다. 연탄가스와 나의 인연은 대학 시절 이후 지금까지 계속되고 있나 보다.

'연탄가스에 일가족 사망' 같은 신문 기사는 나 같은 자취생을 두렵게 만들었다. '동치미 국물을 먹으면 살아난다'는 기사에 눈이 갔다. 동치미 국물의 시원함이 연탄가스에 취한 정신을 들게 할지는 모르지만 지금의 과학적 상식으로는 별로 효과적이지 못한 것 같다.

연탄가스 주성분인 일산화탄소는 헤모글로빈이라는 산소 운반물질에 달라붙는다. 그래서 산소를 헤모글로빈에 못 붙게 하고 있으니 산소가 필요한 몸속 세포는 기진맥진 결국 사람도 죽게 만든다. 연탄가스에 중독되면 고압산소기가 있는 병원으로 달려가는 게 급선무고 어디 어디에 고압산소기가 있다고 알려주기도 했다. 고압산소통에서는 산소 수가 일산화탄소보다 많으니 일산화탄소를 떼어 낼 수 있기 때문이다. 어느 병원으로 가야 한다는 신문 기사를 벽에 붙여 놓을 만큼 연탄가스 공포는 늘 내 곁에 있었다. 머리에 늘 그 생각이 있으면 언젠가 한 번은 겪게 된다는 것을 경험하게 된 것은 대학 졸업반 겨울이었다.

12월의 일요일 저녁이었다. 청량리 성당에서 젊은 신부님과 고스톱을 치고 오는 길이다. 성당이 위치한 곳은 청량리역 뒷골목, 속칭 '오팔팔'이라는 창녀촌이 근접한 곳이다. 성 바오로 병원과 붙어 있었다. 밤늦은 시간 버스 정거장에는 늘 여인들이 서성이면서 휴가 나온 군인들, 술 취한 이들, 때로는 버스를 기다리는 우리에게도 슬근슬근 접근하곤 했다. 그 신부님은 고스톱을 즐겨 친다고 했고 고스톱을 쳐야만 그곳 여자들과 이야기를 할 수 있다고 했다. 물론 술집에도 가고, 술잔 앞에서 성호를 긋고 마신다고도 했다.

우리와 말이 통했던 신부님은 우리 또래였다. 젊었던 H와 나는 신부에게 처음으로 고스톱을 배웠다. 일요일 고스톱은 수학 공식에 절어 있는 우리에게 충분히 재미있었다. 배운 것은 늘 복습해야 한다는 신념으로 이층 하숙방에서 H와 또 다른 두 친구 이렇게 넷이 둘러앉아서 소주 내기 고스톱을 시작했다. 그 늦은 시간에 고스톱을 친 건 그때가 처음이었다. 다른 날이었다면 이미 잠들어 있을 때였다.

이층 하숙방은 거실에 있는 나선형 나무 계단으로 올라가야 했다.

하숙방은 실내에 있었지만 윗바람이 강해서 늘 썰렁했다. 방 한쪽에는 옥상으로 통하는 쪽문이 있고 그 바로 아래에 연탄을 사용하는 화덕이 있었다. 나는 그 문가에 기대 열심히 내기 고스톱을 즐겼다. 한 시간여 만에 빈털터리가 된 나는 아래 거실로 통하는 문을 열었고 순간 아뜩해지면서 계단으로 굴렀다.

나선형 나무 계단 중간쯤에 거꾸로 매달린 나는 거실 천장이 빙글빙글 도는 것을 보았다. 격자무늬 천장이 출렁출렁 움직였다. 들린 발 사이로 천장 형광등이 밝았다 어두워졌다 했다. 그것은 그래도 덜 무서웠다. 이제 내가 죽는구나 라는 생각과 함께 등에 서늘한 기운을 느낀 것은 거꾸로 매달린 두 손을 본 순간이었다. 두 손은 비틀려지고 있었다. 손목과 손가락이 마치 불에 구운 오징어 다리처럼 꼬였다. 아무리 돌리려 해도 손은 반대 방향으로 돌아가고 있었다.

주인 방에는 아무도 없었는지 혹은 넘어지는 소리를 못 들었는가 보다. 친구들이 계단에 거꾸로 매달려 있는 내 모습을 보고 뛰어나온 것은 10여 분이 지난 다음이었다. 밖으로 나가야만 산다고 나를 부축하는 그들 발걸음도 술 취한 사람처럼 흔들거렸다. 문 옆으로 새어 들어온 연탄가스를 그곳에 기댄 내가 제일 많이 마셨고 다른 친구들도 몸을 가누지 못할 만큼 연탄가스를 마신 셈이다.

맨발의 겨울밤은 차가웠다. 등이 켜진 골목길을 우리는 어깨동무하고 비틀거리면서 내려왔다. 나는 쓰러지지 않으려고 전등이 매달린 전봇대를 붙잡고 한참을 서 있었다. 지나가는 차 소리가 들리고 춤추던 하늘이 제대로 보이고 전봇대를 부여잡은 두 손이 움직여지고 맨발이 차갑다고 느낀 것은 거의 한 시간이 지나서였다. 친구들은 모두 바닥에 주저앉아 머리통을 붙잡고 있었다. 나를 어느 병원의 고압산소통에 눕히지 않아도 살아날 수 있다고 판단했는지 씨익 웃는다.

고스톱을 가르쳐주던 그 젊은 신부는 지금 어디에서 누구에게 무엇을 가르치고 있을까. 그때 가르쳐준 고스톱으로 한 젊은이가 살아남아서 지금은 어떻게 연탄가스가 사람을 위험하게 하는지 가르치고 있다는 것을 알기는 할까. 아니면 왜 학생들에게 고스톱처럼 재미있게 가르치지 않느냐고 책망하지는 않을까. 너는 지금은 무얼 하고 있냐고 물어보지는 않을까. 한겨울, 리어카에 실려 가는 연탄을 보기만 하면 여러 가지 상념이 한꺼번에 밀려온다.

이웃사촌의 꿈

'덜커덩'

엘리베이터가 일 층에 멈추는 소리에 문득 정신이 든다. 무심코 나가려는 순간 두고 온 휴대폰 생각에 다시 15층을 누르려 하자 어느새 들어왔는지 젊은 부인이 15층을 누른다. 15층을 누르는 수고를 던 나는 다시 벽에 기댄다. 처음 보는 부인이다. 처음 볼 수밖에 없다. 여기는 복도식 아파트라 한 층에 열다섯 세대가 있다. 이곳에 이사 온 지가 얼마 되지도 않지만 설사 오래되었다 해도 한 층 열다섯 세대의 모든 사람을 알기는 힘들다. 갑자기 조용해진 엘리베이터에서 모르는 두 사람이 있는 경우는 공연히 거북스럽다. 눈 둘 곳이 마땅치 않아 벽 거울을 일부러 들여다본다. 누군가 나와 같은 경험을 하고 짜낸 아이디어가 엘리베이터 벽에 거울을 붙인 것이리라.

엊그제 등산을 오래 했는지 그마나 검은 얼굴이 더 시커멓게 변했다. 게다가 출근 복장이 아닌 산보 복장의 반바지인 나는 그리 단정해 보이지 않는다. 그래도 웃음을 잃지 말아야지, 혼자 벽에 걸린 거울을 보고 미소를 지어본다. 흘낏 거울에 비친 젊은 부인이 얼른 고개를 돌린다. 나를 쳐다보고 있다가 눈이 마주치자 당황스럽게 시선을 피한다. 아직 남의 눈을 끌만한 무엇이 나에게 있는 모양이구나. '그래, 이 정도 얼굴이면 아직 눈길을 받을 만하지' 오늘은 기분 좋은 토요일 오전이구나.

올라가는 층수 숫자를 쳐다보고 있는 그 여자의 표정이 심각하다. 나에게 호감을 가진 그런 얼굴이 전혀 아니다. 무슨 일인가 생각을 하기 전에 15층의 문이 열린다. 앞서 있던 여자가 나가야 하는데 멈칫한다. 나가려던 나도 잠시 멈칫하지만 그래도 레이디 퍼스트 아닌가. 잠시 기다리자 여자가 나간다. 그것도 빠른 속도로. 나는 1502호. 우측으로 돌아서야 한다. 먼저 나간 여자도 우측으로 돌아선다. 앞선 여자가 흘깃 뒤를 돌아보는 표정이 예사롭지 않다. 1505호 앞에서 여자는 멈추어 선다. 그리고 기다린다. 문을 열지 않고, 잔뜩 긴장한 표정으로. 그리고는 주위를 돌아본다. 여차하면 소리라도 지르겠다는 태세다. 일 층에 도착한 엘리베이터에서 내리지도 않는 남자, 심지어는 본인이 내릴 층도 안 누르고 있다가 거울을 보고 음흉한 미소를 짓고 있는 범죄형 남자를 그 여자는 본 것이다. 더구나 같은 층에서 자기의 뒤를 쫓아오는 거무튀튀한 얼굴의 남자에게 나름대로 침착하게 문을 열지 않고 대비한 것이다.

'제기랄!'

그 여자를 지나가는 나의 얼굴이 화끈거린다. 흡사 오물바가지를 뒤집어 쓴 심정이다. 서둘러 1502호, 내 집 문을 부서져라 두들긴다. 그리고는 들으라는 듯 크게 소리친다.

'나야 나, 문 열어.'

들어가는 내 모습을 보자 비로소 그 여자는 문을 연다. 오늘은 아주 재수 없는 토요일이다.

사실 재수 없는 일이 생긴 것은 오늘이 첫 번째가 아니다. 이곳 아파트에 이사 온 지 이틀째 되던 날도 오늘처럼 토요일 오전이었다. 토요일 오전에 이곳 아파트는 평일 같다. 아이들은 모두 학원으로 갔는지 아침 시간이 지나면 아파트는 평일 오전처럼 한가하다. 근처 산을 다녀온 뒤라 등산화, 등산모 그리고 선글라스를 쓴 모습으로 엘리베이터로 향했다. 일 층 수위실에 있는 수위에게 아는 체를 하려는데 어딜 갔는지 보이지를 않는다. 아이를 학교에 보내고 오는 듯 아기 엄마처럼 보이는 여자가 앞서서 엘리베이터로 들어간다. 닫히려는 문을 겨우 잡고 들어선다. 마치 뒤를 따라 들어간 형태가 되었다. 여자가 순간 멈칫한다. 그리고는 층을 누르지 않는다. 나를 경계하는 기세가 역력하다. 여차하면 그냥 내릴 태세다. 사우나 문을 연 것처럼 얼굴이 화끈거린다. 내가 먼저 15층을 누른다. 그제야 여자는 3층을 누른다. 어색한 내 얼굴을 숨기기 위해 거울을 들여다본다. 확

확 달아오르는 얼굴이 선글라스에 가려 보이지 않아 그나마 다행이다. 거울 속을 유심히 들여다본다. 검은 바지, 검은 재킷. 거울 속에는 선글라스로 얼굴을 가린 수상한 범죄형의 수배자가 마주 보고 있었다. 여자는 3층에서 서둘러 내리더니 뒤를 연신 돌아본다. 내가 만약 따라서 내린다면 그냥 1층으로 도망가려는 듯 계단 옆에 서서 엘리베이터 문이 닫히는 것을 확인한다. 그리고는 서둘러 계단을 올라간다. 그나마 내릴 곳도 3층이 아니고 4층이나 5층인 모양이다. 얼마 전 TV에 보도된 엘리베이터 내 여성 납치 미수 사건의 후폭풍을 내가 고스란히 받는 것인지도 모르겠다. 여하튼 토요일 오전은 일진이 아주 안 좋은 시간인 모양이다.

내가 정말 범죄형인가. 선글라스를 벗고 거울을 본다. 꺼칠한 수염에 검게 탄 얼굴이 귀공자 타입은 아니지만 그렇다고 벽에 붙은 수배자의 모습도 아닌듯한데 왜 이런 수모를 당하는지 모를 일이다.

문득 이런 해프닝이 나에게 갑자기 생긴 것이 아닌, 오래전부터 여러 번 있었음을 기억해낸다. 의정부는 학창 시절 자주 들르던 도시였다. 학교에서 멀지도 않았지만 그곳은 화려함과 흥청거림이 있는 도시였다. 물론 미군부대가 주둔하는 곳이어서 술집들이 많기도 했지만 무엇보다 영화관이 서울보다 저렴했다. 더구나 영화 개봉 시기가 서울과 같으니 영화 보고 술 마시기에는 더없이 좋은 곳이었다. 같은 동아리 멤버가 의정부에 살고 있다는 것도 주말을 그곳에서 살다시피 보내게 하는 이유 중 하나다.

의정부를 가려면 꼭 통과해야 하는 곳이 있다. 바로 검문소다. 모든 버스는 일단 정차를 한다. 하얀 철모를 쓴 헌병이 올라선다. '잠시 검문이 있겠습니다.' 딱딱 끊어지는 목소리와 함께 버스 통로를 좌우로 살피며 버스 뒤까지 다가온다. 그 뒤를 소리 없이 따라 오르는 사람은 사복 경찰이다. 좌우를 살피며 뒤까지 온 그들은 창문을 내다보고 있는 나에게 여지없이 신분증을 요구한다. 순간 버스 안의 시선이 쏠린다. 마치 수배자인 도둑놈이나 북에서 내려온 간첩을 보는 눈이다. 같이 가던 친구들도 손으로 입을 가리고 킥킥거린다. 나는 쳐다보지도 않고 학생증을 보여 준다. 이제는 굳이 학군단(ROTC)이라고 이야기도 하지 않는다.

학군단은 예나 지금이나 짧게 머리를 깎고 다녀야 했다. 짧은 머리의 거무스레한 청년이 사복 차림으로 뒷좌석에 앉아 있으니 탈영한 군인으로 보이는 건 당연하다. 헌병이 오는 것은 그래도 이해할 만하다. 문제는 경찰이 혼자 검문할 때도 나한테로 직접 온다는 것이다. 덕분에 친구들은 '범죄형'이라고 놀리기도 했다. 경찰이 나를 검문하는 이유는 재소자들이 머리가 짧기 때문에 탈주범인가 해서 검문하는 것이지 내가 범죄형은 아니라고 강변하지만 여하튼 검문 순간은 그리 상쾌한 기분이 아니었다. 그다음부터는 검문소에 버스가 도착하면 아예 학생증을 빼 들고 흔들었다, 이리 오라고, 여기 범죄형이 아닌 선량한 시민이 있다고 외치는 듯이.

이 아파트를 떠나야 할 것인지를 결정할 때가 되었다. 처음 이곳으로 이사 왔을 때 옆집에 떡을 돌리자고 주장했다. 여기는 그런 곳이 아니라고 주장하는 안사람과 실랑이를 벌였다. 대부분의 아파트가 전세이고 머무는 기간이 짧은 이곳 아파트의 특성상 이웃 사람과 친하게 지내는 경우가 극히 드물다는 것이 주위 사람들의 이야기라는 것이다. 또 이곳은 복도식이라 한 층에 많은 가구가 살고 있어서 친해지기가 힘들다고도 한다. 그러니 떡을 돌리는 일은 하나 마나일 거라고 이야기한다.

아파트에 살기 시작한 지는 오래됐다. 직장을 잡고 처음으로 살기 시작한 곳은 5층의 작은 평수 아파트 단지였다. 엘리베이터가 없는 5층 아파트의 중간층에 살다 보니 며칠 되지 않아서 아내들끼리는 서로 알게 되었다. 같은 또래 아이들이 있다는 게 쉽게 이야기할 수 있게 만들었다. 무엇보다 한 층에 마주 보는 두 집이 있다는 점이 가깝게 하는 이유다. 5층을 매일 걸어 오르내리다 보니 열 가구 모두를 자연스럽게 알게 되었고 얼마 지나지 않아서 아이들도 옆집에 익숙해졌다. 여름이면 아파트 출입문들을 활짝 열어놓은 덕분에 방바닥을 기어 다니던 둘째 아이는 수시로 앞집까지 한달음에 기어가곤 했다. 운동장인 셈이다. 계단을 조금씩 오르내리던 아이는 계단에 익숙해지자 이제는 5층 전체를 쓸고 기어 다니는 개구쟁이가 되었고 어느 층에서 아이 소리가 나는지를 듣고서 그 집에서 뭔가를 먹고 있구나 생각하고는 방치하다시피 하는 놀이터가 되었다.

열 가구가 늘 모이지는 않았지만 일고여덟 가구는 자주 놀러 갔다.

근처 공원에 소풍을 다니기도 했고 앞집에서 운영하는 공장에 놀러 가기도 했다. 앞집 아저씨가 술 마시고 음주운전에 걸린 사건이나 공장이 불경기 탓에 어렵다는 등 아내들끼리 하는 이야기를 귀동냥 삼아 듣고는 했다. 그곳을 떠난 지가 이십 년이 다 되어 가지만 한두 집은 아직도 아내들은 연락하며 지내고 있다.

두 번째로 살던 아파트는 완공 후 처음 입주하는 곳이었다. 이렇게 집을 짓고 한 번에 집에 들어오는 경우는 쉽게 이웃을 만들 수 있다. 같은 시기에 한꺼번에 들어온 사람들은 일종의 동료의식도 생기고 아파트를 상대로 무언가를 항의하고 요구할 경우라도 생기는 경우는 단합도 잘되어서 금방 친해지기 쉽다. 새로 단장한 아파트는 12층 고층이고 두 집이 마주 보고 있는 형태였다. 한두 집이 떡을 돌리자 서로서로 인사하는 분위기가 되었고 급기야는 어느 집에서 함께 저녁을 하자는 이야기가 돌더니 열 집 정도가 모였다.

부동산을 한다는 정 씨는 이런 모임에 익숙한지 어시장에서 생선을 한 상자 사 와서 회를 떠서 소주를 곁들이게 되었다. 고향이 바닷가 근처인지라 생선 손질하는 것 하며 회를 뜨는 손길이 익숙했다. 한 달에 한두 번 남정네들과 함께 모이는 것과 달리 안사람들은 수시로 모이는 것 같았다. 늦은 출근을 준비하는 시간에 아랫집에서 천장을 두드리는 소리가 난다. 안사람은 날 밀다시피 쫓아내고는 아래층으로 향한다. 이런 원시적이지만 효율적인 통신수단은 온 층에 퍼져서 오전 시간 수다를 떠는 계기가 되었다.

이런 동네 모임은 언제나 안사람들 차지이다. 남자들이야 직장이나 사업 등으로 시간이 일정치가 않으니 주로 아내들 중심으로 모임이 이루어지고 남자들은 더불어 참석하는 형태가 된다. 대개 날짜를 정해 놓고 등산을 가거나 근교를 드라이브 삼아 몰려다니는 모습이다. 아파트 모임이 오래되면서 술 모임에서 등산 모임으로, 다시 역사 탐방 모임으로 수준을 높이려 하지만 남자들은 소주잔이, 여자들은 수다가 단골 메뉴였다. 이십 년이 지난 지금 두 번째 아파트 부부들은 이제 곳곳으로 뿔뿔이 흩어져 있다. 그래도 가끔씩 아들딸 결혼시키는 날에는 서로 모여 옛날이야기를 한다. 세 번째 아파트에서도 그런 이웃사촌들을 만나고 싶었다.

두 번의 '재수 없는 토요일 오전'을 보내고 나서 이곳 세 번째 아파트의 이웃집에 떡을 돌려야 한다는 나의 주장은 힘을 얻지 못하고 있다. 억지를 부려서 떡을 담은 접시를 들고 옆집을 두들기지만 밤늦은 시간에도 사람의 인기척이 없다. 옆집은 아침에 잠깐 소리가 나고 저녁 늦게까지 사람이 없는 것으로 보아 아이가 밤늦게 학원에서 오는가 보다. 몇 집을 두들겨 보았지만 묵묵부답이다. 그나마 열린 한 집은 아이 하나가 문틈으로 고개만 쏙 내밀더니 내 손에 들린 떡을 받아들고는 그대로 획 들어가 버린다. 옆집에서 인사차 왔다고 전하라는 말은 닫히는 문과 함께 잘려버렸다. 졸지에 떡집에서 떡 배달하는 중늙은이가 되어버렸다. 나의 이런 참담한 패배를 집사람은 이미 예측한 듯 가타부타 말이 없다.

하지만 희망이 생겼다. 바로 옆집이 며칠간 쿵쿵거리며 내부공사를 하더니 배가 불룩한 아이 엄마가 남자아이를 앞세우고 복도를 다니는 것이 보인다. 다섯 살 정도 되어 보이는 남자아이는 나이 또래답게 시끄럽게 복도를 지나다닌다. 그나마 사람이 좀 사는 것 같아서 다행이다. 아이 아버지와는 한두 번 얼굴을 본 덕분에 인사를 하고 지낼 정도가 되었다.

이제 이 아파트의 계약 기간도 끝나가고 이곳에 더 있을지를 결정해야 한다. 비록 떡 돌리기에서는 재미를 보지 못했지만 저 꼬마 사내아이 집과는 말이 통할 수도 있을지 모르겠다. 최소한 시끌시끌 떠들고 다니는 아이가 있으니 말을 붙이기도 편하겠지.

이 아파트에서 이웃사촌의 꿈은 나만이 꾸고 있는 것인가.

알리사의 눈물

'바기오'는 필리핀 마닐라에서 버스로 5시간 거리에 있는 고산지대 도시다. 이곳 대학에 연구 방문차 와 있다. 피부에 좋은 약재를 찾기 위해 약대 교수와 현지 산을 오르내린다. 호텔이 아닌 현지 교포 집에서 머물고 있는 건 이곳을 좀 더 잘 알기 위해서다. 알리사는 내가 머물던 하숙집 가정부다.

알리사는 세 남매 엄마다. 작달막한 키에 까무잡잡한 그녀가 오는 시간은 아침 일곱 시다. '굿모닝'이라는 아침 인사와 함께 대문을 들어서는 그녀 발걸음이 가볍다. 산 아래 동네에서 가파른 비탈길을 십여 분 오르느라 숨이 차다. 가쁜 숨을 고르며 메고 온 작은 가방을 벗어 놓고는 부엌일을 시작한다. 이 하숙집은 삼 층 건물로 산비탈에 위치한 다른 집들보다 큰 편이라 눈에 잘 띈다. 이곳 산비탈에는 백여 채가 넘는 집들이 서로 다른 모양과 색깔을 가지고 멀리 건너편 산을 마주 보고 있다. 이 집들은 대부분 필리핀 부자들의 별장이다. 그걸 한국인 교포들이 빌려 쓰고 있다. 산 중턱을 가로지르는 울타리로 둘러싸인 이곳 출입구는 제복 차림의 경비들이 지키고 있다. 조그만 요새인 셈이다.

수도 마닐라에 있는 부자들이 이곳에 오는 경우는 빌려준 집에서 돈을 받거나 집 계약을 할 때뿐이다. 필리핀 부자들은 오래전에 이곳에 별장을 지었다. 이곳은 산꼭대기 휴양도시다. 한국의 평창 같은 모습이다. 전 대통령인 마르코스와 부인 이멜다의 여름 별장이 이곳에 있는 걸 보면 필리핀의 더위를 잊기에는 이곳 고산도시가 제격인 모양이다. 마르코스의 거대한 여름 별장은 이곳 하숙집에서 시내 방향으로 십여 분 거리에 있다. 그곳에서 오른쪽으로 방향을 바꾸면 금방 산 정상에 다다른다. 거기에서 내려다보면 잡지에서나 나올듯한 고급 별장지대가 바로 아래다. 그 가운데 우뚝 서 있는 삼층집이 내가 잠시 머무르는 하숙집이다. 조금 더 밑에는 당장 쓰러질 것 같은 허름한 집들이 별장들과 극명한 대조를 이룬다. 부자 저택과 가난한 판자촌을 나누는 것은 철조망이다. 각박하고 살벌하다. 하지만 주위를 둘러싼 녹색 산들 덕분에 그나마 자연스러움을 유지하고 있다. 저 아래 철조망을 막 벗어난 언덕 아래에 알리사 집이 있다고 하였다.

알리사는 언덕길을 내려가면서도 계속 안절부절못한다. 집이 작고 아무것도 없어서 내가 머물고 있는 삼 층 별장과는 다르다며 필리핀 고유 악센트 영어로 자기 집을 보여 주기가 부끄럽다고 한다. 별로 내키지 않는 알리사를 이 핑계 저 핑계로 앞세운 이유가 있다. 외지인이 들어오는 것을 거부하는 것 같은 이곳 아랫마을 풍경 때문이다. 철조망을 벗어나서 언덕길을 내려서면 잘 포장되어 있던 길은 갑자기 좁아진다. 그나마 좁은 그 길에 누런 개들이 어슬렁거린다. 내 주위를 어슬렁거리며 으르렁대는 폼이 '네가 여기를 왜 오냐'는 듯하다. 좁은 길은 그나마 개똥으로 덕지덕지하다. 다닥다닥 붙어 있는 집들 사이에 닭장들이 보이고 집들만큼이나 빼곡히 닭들이 들어차 있다. 겨우 지나갈 듯한 집들 사이 좁은 골목도 울긋불긋한 빨래들로 꽉 차 있다.

하지만 숨이 막힐 것 같은 이런 집들이 이 마을로 들어가 보려는 나를 머뭇거리게 하지는 못했다. 나를 멈칫하게 했던 것은 좁은 길 양옆으로 무리 지어 앉아 있는 이곳 사람들, 특히 한 무리 남자들이었다. 평일이건 대낮이건 몇 명씩 앉아서 지나가는 나를 유심히 쳐다보고 있다. 그 좁은 골목길이 마치 흑인 할렘 입구나 필리핀 반군 게릴라 본거지처럼 보인다. 저곳을 들어가려면 노련한 여행자처럼 넉살 좋게 다가서거나, 아니면 누군가 동행이 필요했다.

알리사를 앞세우려는 나의 유치한 작전은 나를 막연한 두려움으로부터 단번에 해방시켜 주었다. 무리 지어 있는 남자들 사이에서 제일 험악하게 생긴 사람을 자기 시동생이라고 소개시켜 준다. 악수를 나누었다. 할렘가 우두머리처럼 보였던 그가 내가 아는 사람 친척이었다. 갑자기 이 동네 모든 것이 달라 보인다. 둘러앉아 있던 사람들은 우리 시골 평상에 앉아서 화투 치는 이웃집 아저씨들로 변했고 어슬렁거리던 하이에나 같은 개들은 꼬리 흔들며 반기는 집안 멍멍이로 변했다. 사람 마음이 참으로 단순하기도 하다.

판자촌처럼 붙어 있는 골목길은 산 아래로 급하게 이어졌고 우리는 나무들이 제법 우거진 골짜기에 내려섰다. 길 위에서는 잘 보이지 않지만 잘 위장된 요새처럼 나무에 둘러싸인 좁은 지역에 십여 채 집들이 숨어 있었다. 영화에서나 본 듯한 밀림 게릴라 소굴인 듯하다. 알리사 목소리가 들리자 집안 곳곳에서 사람들이 나온다. 알리사 시어머니가 두툼한 손을 내밀더니 집 주위를 둘러싸고 있는 나무를 설명한다. 내가 알리사에게 이곳 나무에서 자라는 열매가 내가 하는 연구에 꼭 필요하니 너의 집에 있는 나무를 보여 달라고 핑계를 댄 까닭이다.

조그만 꼬마들이 알리사에게 달려든다. 눈이 또랑또랑한 딸내미는 이제 초등학교 일학년이다. 그 아래 남자 녀석이 나에게 매달린다. 내 손목시계가 신기한지 만져보는 조그만 손에 알리사 손바닥이 매섭게 날아든다. 아마 시계를 탐낸 것으로 보인 모양이다. 주저앉아서 우는 녀석은 아프기도 하지만 하루 종일 기다린 엄마에게 맞은 것이 더 억울한 모양이다. 늘 웃고 다니던 그녀에게 엄마로서 엄격한 면을 본다.

이집 저집을 다니면서 소개를 하는데 모두가 알리사 남편 쪽 친척들이었다. 대부분 남자들이 집에 있다. 아직 저녁 시간이 이른 것을 보면 특별히 하는 일이 없는 모양이다. 남편도 그중 한 사람이었다. 자다 나온 듯 부스스한 머리에 러닝 차림인 그에게서 술 냄새가 났다. 그는 직업이 없다. 알리사가 일을 하고 남편은 집에서 아이들을 돌보는 셈이다. 집이라고 해야 함석을 얹은 지붕이 땅에 닿을 듯하고 보이는 부엌에 그릇 몇 점이 전부다.

세 남매를 집에 남겨 놓고 하루 종일 청소와 부엌일을 하고 받는 돈은 우리 돈 이천 원이다. 삼층집이라 쓸고 닦아야 하는 곳도 많다. 빨래와 부엌일, 큰길까지 나가서 택시를 잡아 오는 일 등으로 하루 종일 바쁘다. 그나마 알리사는 가정부로서 일이 있는 것이 행운이란다. 더듬거리지만 영어로 소통할 수 있기에 한국인 집에서 일을 얻기가 용이하다고 한다. 이곳 필리핀 사람들이 영어를 하는 이유는 미군 점령하에서 수십 년을 보냈기 때문이다. 지금은 대부분 철수했지만 이곳에도 미군 캠프 흔적이 있는 것을 보면 모든 이들이 영어를 하는 것이 그리 이상하지는 않다. 영어를 사용하는 도시, 생활비가 한국의 30%밖에 안 되는 도시, 여름에도 시원한 도시인 이곳 바기오에 한국 부모들이 아이들을 데리고 오는 이유다.

영어가 공용어인 아시아 국가는 싱가포르, 인도, 그리고 필리핀이다. 그중에서 싱가포르는 잘 사는 나라로 변모했지만 필리핀은 그런 기회를 놓쳐버렸다. 세계 국가, 기업들이 영어권인 필리핀에 건물을 세우고 은행을 세웠지만 정치적으로 불안정하다는 이유로 대부분 싱가포르로 옮겨갔다. 이곳 수도 마닐라 국제기구에 근무하는 친구도 본사가 싱가포르로 옮긴다고 걱정한다.

예로부터 왕이 선정을 베풀면 백성들이 배부르다 했다. 알리사를 비롯한 이곳 사람들은 그런 행운과는 거리가 멀었다. 미국으로부터 독립한 후 집권한 마르코스는 이십 년을 총으로 다스렸다. 그 부인 또한 구두가 몇천 켤레니 하는 소문이 돌 정도로 사치의 대명사였다.

사정이 이러니 그나마 열악한 환경을 가지고 있던 필리핀이 경제적으로 발전하기는 쉽지 않았다. 게다가 필리핀 남부 민다나오섬의 회교도들은 필리핀으로부터 분리를 주장하는 반군 활동으로 필리핀을 '불안한 나라'로 알린다.

필리핀에 간다고 하자 주위에서는 그곳 게릴라에게 납치될까 걱정이다. 내가 큰 기업 사장이라도 이곳 필리핀에 공장을 세우기는 망설일 것이다. 이런 선입견 때문에 알리사 집으로 가는 길이 마치 필리핀 반군의 소굴쯤으로 생각되었으리라. 마르코스 독재 이후에 등장한 민주정권도 경제에는 그리 힘을 발휘하지 못했다. 나이가 제법 든 사람들 중에는 마르코스 시대가 오히려 낫다면서 그리워하는 눈치다. 먹고사는 일이 모든 것의 우선임을 정치인들은 잘 모른다.

늘 명랑하던 알리사가 오늘은 풀이 죽어 있다. 집주인에게 야단을 맞았다. 벌써 한 달 치를 가불한 알리사의 사는 방식이 한국인 집주인 맘에 안 드는 모양이다. 남편이 빈둥빈둥 노는 것도 보기 싫다. 매번 가불을 할 게 아니라 조금씩이라도 모아야 하지 않느냐고 알리사에게 이야기한다. 알리사는 그저 눈물만 글썽거릴 뿐이다. 일자리가 있다면 누군들 일하고 싶지 않겠냐고, 당장 먹을 것이 없는데 어떻게 참고 아이들을 굶기냐고 이야기하는 알리사를 보면서 나는 할 말을 잃는다.

'너무 가난해서 보여 줄 것이 없다'며 나의 방문을 머뭇거릴 때 나는 도통한 사람처럼 이야기했다. 가난은 죄도 아니고 창피한 것도 아니다, 다만 불편할 뿐이다. 알리사를 안심시키려고 이 말을 했지만 나는 곧 후회했다. 알리사 남편 입장이라면 배부른 자 허튼소리일 것이 분명하다. 내가 알리사 동네가 아닌 한국이라는 땅에서 태어날 수 있었던 건 행운이다. 어쩌면 그 행운도 실은 밤늦게 공장에서 일하던 많은 사람들 땀으로 만들어졌고, 그 덕분에 내가 지금 밥술이나 뜨고 있는 건 아닐까.

'힘들지만 참고 견뎌라, 네 아이들이 열심히 일하고 공부하면 이 가난에서 벗어날 것이다. 한국 사람 대부분도 이런 힘든 과정을 다 겪었다' 이런 이야기를 알리사에게 해주고 싶지만 차마 말을 뗄 수가 없다. 몇 푼이라도 받겠다고 매일매일 주워 가는 빈 플라스틱병과 하루 이천 원에 온 식구가 매달려 있는 이 끈질긴 가난에서 벗어날 수 있을지 도무지 자신이 없다.

알리사 치마 끝에 매달린 딸내미의 초롱초롱한 눈망울이 눈에 어른거린다. 다음에 알리사를 만나면 무슨 이야기를 해줘야 풀이 죽은 그녀를 웃게 할 수 있을지 고민스럽다.

무쵸 그라시아스

'무쵸 그라시아라'는 '대단히 감사합니다'라는 스페인어다. 또한 내가 알고 있는 유일한 단어다. 스페인 언어권 나라를 다닐 때 꼭 한 번은 써보리라 하고 입으로 중얼거린 말이다. 하지만 그 말이 머리에 콕 박히게 된 것은 그 사건 때문이다.

아르헨티나 수도 부에노아이레스 호텔에서 택시로 십 분 거리에 있다는 스페인 역사관을 찾은 것은 바쁘게 돌아가던 일정이 끝난 일요일 오전이었다. 아시아, 미국, 유럽 등에 대해 조금 알고는 있었지만 스페인이란 나라는 투우밖에 떠오르지 않는 생소한 곳이다. 별로 내켜 하지 않는 동료를 가까스로 달래며 도착한 곳은 기대와는 달리 너무도 허름했다.

큰길 뒤편 조그마한 출입구는 그나마 닫혀 있다. 분명히 안내 책자에는 일요일 오전 10시 개관으로 되어 있건만 해석이 안 되는 팻말만 덜렁 걸려 있을 뿐이다. 그러고 보니 주위에는 관광객이라고는 별로 보이지 않는다. 도심과 멀찍이 떨어진 동네 뒷골목이다. 주위를 둘러보니 매주 열리는 듯한 벼룩시장 장터가 보이고 그 옆 공원에는 동네 사람들이 삼삼오오 모여 있었다.

역사관을 돌아서려는 우리에게 웬 여자아이 둘이 무어라며 다가선다. 열대여섯 살 정도나 되었을까. 유행과는 거리가 먼 남루한 옷차림에 누런색 푸석푸석한 얼굴이 오지에서 만난 아이들을 떠오르게 한다. 이곳 원주민 모습이 남아 있는 아이들이 손가락을 펴면서 '일레븐'이라고 이야기한다. 표정으로 보니 이곳 개관 시간이 11시임을 알려 주려는 몸짓이다. 어수룩한 동양인 둘이 닫혀 있는 건물 앞에서 헤매고 있는 모습을 보니 도와줘야겠다고 생각한 모양이다. 누런 얼굴을 보니 스페인 계통 유럽인과 남미 원주민 피가 섞인 '메스티조'라 불리는 혼혈 인디언이었다. 같은 색 동양인들에게 호감이 생긴 것일까. 우리가 이것저것 물어보려고 시도했지만 그들이 아는 단어는 아마도 일레븐이 전부인 듯 가타부타 말이 없다.

아침 시간이기는 하지만 따가운 햇볕을 피해서 우리는 나무 아래서 있었다. 그 아이들이 무어라며 내 동료 등을 가리킨다. 그러고 보니 동료 등 뒤에 무언가가 묻어 있다. 새똥처럼 생긴 것이 방금 묻은 듯하다. 오늘은 역사관도 못 보고 아침부터 새똥 세례다. 투덜거리다 보니 둘러맨 배낭과 잠바 위에도 새똥이 떨어져 있다. 서 있던 곳이 나무 밑이라 고개를 들어 하늘을 보니 푸르른 나무 사이로 새들은 어디로 가버린 듯 보이지 않는다. 서둘러 휴지를 찾지만 조그만 배낭에는 여행 책자와 메모지만 들어있다. 맞은편 상점에 가 보지만 휴지 대신 과일만 늘어 서 있다. 그 아이들은 휴지를 꺼내는 것 같더니 건네주지는 않는다. 그리고는 급히 다른 곳으로 가버린다. 휴지 하나도 아까운 나라 인심인가 아쉬워하지만 더 이상의 친절을 기대하기는 힘들어 주위를 둘러보기 시작한다. 한가한 동네인 까닭인지 휴지나 물이 있을 만한 곳이 안 보인다. 저쪽 골목길에서 아까 그 아이들이 무언가를 들고 서둘러 오고 있다. 어디선가 물병을 들고 왔다. 휴지로 닦기보다는 물로 닦는 것이 낫다는 그들의 몸짓이다. 잠시나마 그들의 인색함에 투덜거렸던 것이 미안하다. 고마움을 표현할 한 단어가 떠올랐다.

“무쵸 그라시아스”

그러자 아이들은 반가운 표정을 짓는다. 역시 어디를 가든지 사람들은 다 따뜻한 가슴을 가지고 있나 보나. 다만 우리가 그들에게 다가가기가 쉽지 않고 의심이 있어서 힘들 뿐일 것이다. 만약 용기를 내서 먼저 다가선다면, 비록 말이 안 통하는 그들이지만 내 조카들 같고 재잘거리는 동네 아이들이 될 것이다. 여행을 다니면서 이런 낯선 이의 친절을 접한다면 마음이 좀 더 넓어지고 따뜻해지지 않을까 스스로 여유를 찾는다.

아이들이 손짓으로 한군데를 가리킨다. 저 공원 건너편에 맥도날드가 보인다. 그나마 다행이다 싶어 서둘러 그곳으로 향한다. 공중화장실이 거의 없는 이곳 형편에 맥도날드는 지금의 난처한 상황을 해결해주는 아주 적당한 곳이다. 미국에서 여행을 하다 보면 제일 많이 들르는 곳이 맥도날드일 만큼 그곳은 편리한 곳이다. 무엇을 꼭 사야 되지도 않고 잠시 앉아서 쉴 수도 있다. 더구나 지금처럼 휴지와 물이 필요할 때 그곳은 사막 한가운데 오아시스다.

들어선 그곳은 여느 맥도날드와 다르지 않았다. 몇 명의 사람들이 가족들과 함께 있는 모습이 보인다. 서둘러 들어서는 우리를 그들은 의아한 듯이 쳐다본다. 여기는 관광객들이 다니는 코스가 아닌 뒷골목이다. 그러니까 나와 우리 일행은 관광코스에서 이탈한 일종의 배낭 여행객이 되어 버린 셈이다. 창문에 비친 우리 모습은 그들과는 완연히 달랐다. 얼굴이 전혀 달랐고 무엇보다 전형적인 관광객 복장을 하고 있었다. 선글라스와 어깨에 둘러멘 조그만 가방, 그리고 손에 든 카메라는 '우리는 관광객입니다'를 광고하고 있었다.

동료는 커피 한잔을 하며 기다리겠다고 매장 안 홀에 있었고 나는 화장실로 들어섰다. 조그만 화장실의 구석에 있는 세면대에 작은 배낭과 잠바를 벗어 놓고 물로 씻기 시작했다. 다행히 새똥은 쉽게 물로 닦여 나갔다. 마치 물감을 뿌려놓은 듯한 검록색의 새똥이다. 차 유리창에 떨어진 것과 달리 더 묽은 걸 보니 새똥도 지역마다 다른가보다.

세면대에 두 사람이 줄을 서서 끝나기를 기다리는 눈치이더니, 한 노란 잠바의 중년의 남자가 새똥이 묻었냐는 시늉을 하면서 안타까워한다. 그리고는 손 좀 같이 씻자면서 옆으로 다가선다. 이제 마지막으로 잠바의 새똥을 씻고 겨우 일을 끝냈다고 한숨을 돌리는 그 순간 가방이 눈에 보이지 않았다. 세면대 바로 옆에 놓았던 것인데 순식간에 사라졌다. 순간 얼굴이 확 달아올랐다. 누구에겐가 심한 모욕을 당했을 때와 같은 노여움이 몸에 차올랐다. 말로만 듣던 소매치기를 당한 셈이다. 후다닥 화장실을 뛰어나와 놀라서 나를 쳐다보는 동료를 뒤로하고 맥도날드 문을 밀치고 나섰다. 저기 그 노란 잠바가 길을 막 건너고 있다. 100m 육상선수처럼 달려가서는 다짜고짜 그를 돌려세웠다. 그리고는 몸을 더듬었다. 순간 놀란 노란 잠바는 순간 무어라 하면서 손을 내 흔든다. '왜 그러냐'보다는 '나는 아무 짓도 안 했다'는 의미의 손짓이다.

가방은 그의 몸에 없었다. 심한 허탈감에 비로소 그 노란 잠바를 쳐다보았다. 뚱뚱한 몸매에 허름한 잠바 차림의 그는 길에서 흔히 만나는 중년의 남자였다. 동네 복덕방에서 화투를 치고 있는 동네 아저씨 모습이다. 영화에 나오는 험상궂은 불량배의 모습도 아니고 말쑥하게 차려입은 제비족 같은 모습도 아니었다. 집에 들어가면 반기는 아이들이 있고 가끔은 투덜거리는 아내가 있음직한 남편 모습이기도 했다.

다짜고짜 주머니를 뒤져보는 나의 손에 퉁퉁한 그의 몸 촉감이 전해졌고 단단한 근육질이 아닌 그 촉감은 당황하면서도 화가 나 있는 나를 조금은 가라앉히기에 충분했다. 전혀 생소하지 않은 그 모습은 어쩌면 나와 전혀 다른 사람이 아닌, 내 근처 사람인 듯하고 살아가기에 조금은 힘든 모습의 그들이기도 했다. 후줄근한 노란 잠바 속에는 내 물건은 아무것도 없었다.

소매치기의 허름한 맵시와 중년 모습에 허탈해진 나를 동료가 잡아끌었다. 뛰어나가는 나를 쫓아온 그는 이미 사태의 전모를 파악한 듯 나를 안심시킨다. 배낭에는 안내 책자와 메모장밖에 없었다. 아마도 배낭은 다른 패거리가 가지고 갔고 저 사람은 바람잡이 같다고 한다. 그러니까 화장실에 있었던 두 사람이 한 패거리인 셈이다. 그제야 정신이 들었다. 아니 그들은 두 사람이 아니었다. 처음에 역사관 앞에서 만난 두 여자아이도 한 팀이니 모두 네 명인 셈이다. 비로소 우리들이 네 명의 팀으로 이루어진 조직 소매치기에게 당했음을 알았다. 남아 있는 새똥을 자세히 보니 문방구에서 파는 수채물감이다. 새똥치고는 색깔도 균일하고 냄새도 다른 것임을 알고는 관광안내서에서 나오는 주의사항이 생각났다. 관광객에게 접근해서 케첩 등을 몰래 뿌리고는 닦아주는 척하며 소지품을 훔쳐 가는 수법을 조심하라는 것이다. 그런 내용을 알고도 이렇게 뻔히 당하다니 우리는 분명 왕초보 여행자들이었다.

노여움과 허탈감에 다시 맥도날드로 돌아오자 주위에 있던 사람들이 무슨 일인가 물어본다. 뜻은 안 통하지만 소매치기를 당했다는 걸 그들은 알아차린 것 같았다. 그리고 외지에서 온 동양인들에게 그런 일이 생긴 것이 이곳 사람으로서 자랑스럽지 못한 표정들이다. 그때 한 무리의 사람들이 문을 열고 들어선다. 또 웬 사람들인가 하는 내 눈 앞에 다시 그 노란 잠바가 나타났다. 이번에는 누구에게 끌려 왔다.

그 노란 잠바를 끌고 온 사람은 놀랍게도 아주머니였다. 덩치가 노란 잠바보다 더 큰, 조금은 우락부락하게 생긴 그 중년 여인은 다시 보니 길 건너 공원에서 뭔가를 팔고 있던 사람이었다. 내가 노란 잠바를 붙잡고 몸을 뒤지고 놓아주는 상황을 보고 공원에 있던 사람들이 다시 그를 끌고 온 것이다. 여러 사람들이 무어라 하자 노란 잠바는 지갑을 꺼내서 뒤집어 보인다. 아무것도 가진 게 없다는 표시다. 이제 비로소 그의 얼굴을 바라보았다. 여러 사람들에게 둘러싸여서 조금은 당황스러워하고 반은 두려워하는 그는 약간 통통한 얼굴에 군데군데 곰보 자국이 있다. 내가 영어로 설명을 한다. 동료가 두 명이, 아니 네 명이 짜고 가방을 훔쳐 갔다고 손짓 발짓으로 설명을 해보지만 말이 통하지를 않는다. 무엇보다 잃어버린 것이 그리 중요한 것이 아니어서 어서 이 자리를 벗어나고 싶었다.

아까 잡혀 온 그 길로 노란 잠바가 서둘러 돌아가고 있었다. 뒤를 연신 돌아보며 안도하는 모습이 역력하다. 어디에서인가 역사관 앞의 그 여자아이들을 만나리라. 다시 그 여자아이들 모습이 떠올랐다.

저 나이라면 혹시 그 노란 잠바의 딸들이 아닐까. 설마 자기 딸들을 소매치기에 같이 참여시킬까. 하지만 먹고 사는 것이 그것밖에 없다면 전 가족이 나서야 하는 게 아닌가. 얼굴이 백색인 유럽계통 사람이 주류를 이루고 있다면 남미 인디언의 피가 흐르는 그들의 삶은 이곳 대도시에서는 빈민층이다. 관광객을 대상으로 구걸 행위를 하는 어린아이들의 대부분이 이들이기도 하다.

그곳을 벗어나면서 우리는 흥분이 가라앉고 있었다. 동료와 다시 한번 소지품을 점검했다. 안도했다. 노란 잠바와 여자아이들은 지금쯤 어디선가 모여서 우리처럼 안도하고 있지 않을까. 붙잡혀서 경찰서로 끌려갈 뻔했으니 말이다. 그리고는 기대에 차서 배낭을 열어볼 것이다. 하지만 그 안에 관광안내 책자만 발견하고는 얼마나 실망을 할까. 그 실망하는 모습을 상상하면서 동료와 나는 실소를 했다.

나는 안심은 했지만 마음이 석연치 않다. 길거리를 다니다 보면 내 손을 잡아끌며 구걸하는 아이들은 얼굴이 누런 혼혈 인디언 아이들이다. 그들이 매달리는 사람들은 주로 흰 피부의 유럽인들이다. 스페인어권을 다니면서 이런 광경에 매번 부딪히지만 나의 감정은 정리가 잘 안 된다. 황색의 원주민과 이들을 정복한 백색의 유럽인들 중 누가 주인이고 누가 침입자인가. 이건 여행자의 감상주의일까. 이런 생각에 동료가 제동을 건다. 다시는 이런 일이 생기지 않도록 여행자 티를 내지 말자고. 무엇보다 이곳 혼혈 원주민들을 조심하자고. 놀라긴 했지만 중요한 걸 잃어버린 것이 아니어서 기분이 좋을 줄 알았건만 돌아오는 내내 마음이 불편하다.

'무쵸 그라시아스'

내가 알고 있는 유일한 스페인어를 힘들게 발음했을 때 그 여자아이들이 신기해하는 모습이 떠올랐다. 아이들의 부석부석한 얼굴과 중늙은이의 허름한 노란 잠바가 계속 아른거린다. 잃어버린 가방에 십 달러라도 들어 있었다면 '못된 녀석들'이라 욕이라도 해버리면 차라리 속이 개운했을 것을.

2장

사람들이 그립다

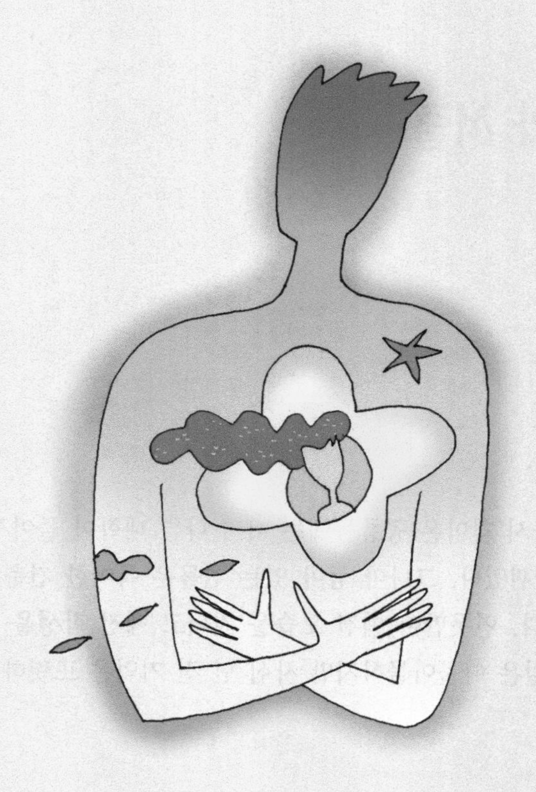

그립다 보면

그대 생각 하다보면
꽃대에도 얼굴이 있고
나무줄기에도 얼굴이 있고
그리워하다 보면, 신기하게도
모든 것이 얼굴로 보이나 봅니다.

동아리와 서클

오랜만에 다시 찾아온 공릉동에는 이미 다른 대학이 들어서 있다. 모든 것이 바뀌었다. 그나마 남아 있는 건물은 특이한 건축 형태로 보존 대상이다. 연못만이 예전 모습을 지니고 예전 학생을 반긴다. 몇 달 전의 일은 아물아물하지만 사십 년 전 기억은 또렷하게 거기 그대로 있다.

학교 앞 정문에 서본다. 지금은 좀 더 화려해지고 좀 더 커진 정문이다. 강의가 끝나고 건너던 큰길도 그대로 있다. 예전 건물도 그대로다. 당구장만 모두 PC방으로 간판이 바뀌어 있다. 거기까지가 기억의 전부다. 당구장이 있던 건물 뒤로는 새로운 아파트 단지가 들어서서 나의 회상을 더 이상 용납지 않겠다는 듯이 길을 막는다.

입학 후 대학 기숙사에 왜 들어가지 못했는지 기억이 분명치 않다. 지방 학생들에게 우선 방을 주었다. 집이 천안이던 나는 서울에서 가깝다는 이유로 떨어졌다. 하지만 천안은 통학하기에는 먼 거리였다.

천안은 기차와 버스로 네 시간이 족히 넘는 거리다. 한참 젊은 나이라지만 매일 다닐 수는 없었다. 남은 선택은 하숙, 입주 가정교사 그리고 자취였다. 하숙비는 만만치 않았다. 입주 가정교사는 감옥이다. 공부에 관심이 없는 아이를 구슬리고 성적이 오르기만을 기다리는 집주인을 보면서 웃고 지낼 변죽이 나에게는 없었다. 결국 남은 것은 방을 하나 얻어서 먹고사는 소위 자취였다.

요리에 취미와 재주가 없는 나다. 고교 시절 이미 해본 적이 있는 자취다. 누구는 자취도 대학 시절의 낭만이라고 했다. 낭만에 초 쳐 먹는 소리다. 이런저런 이유로 자취를 망설이는 나를 한걸음에 그 자취방으로 몰고 간 것은 복덕방 주인도 아닌 J 선배였다.

J 선배는 어떤 이유에서인지 학교에서 멀리 떨어진 곳에서 방을 얻어서 혼자 지내고 있었다. 집이 서울이라고 알고 있었다. 후배들 사이에서는 여자와 같이 지내는 것이 아니냐는 수군거림이 끊이지 않았다. 하지만 후줄근한 그의 모습은 살림을 차린 것 같지는 않았다. 방에 들어선 J는 나의 이런 의구심을 쉽게 깨뜨렸다. 그동안 경찰을 피해 다니느라 일부러 멀리 떨어진 곳에서 지냈다는 것이다. 그때는 데모를 자주 했다. 사상이나 정치에서 멀리 떨어져 있던 공대생들도 일주일에 서너 번은 어깨를 두르고 운동장을 돌아다녔다.

J는 이제는 안심해도 된다고 했다. 주모자급도 아니고 어쩌다 한두 번 앞장선 데모였기에 문제가 없다는 것이다. 극적인 도피와 영웅담

을 기대했던 나에게 J는 싱겁게 도피생활을 끝내고는 방바닥에 누웠다. 말은 그래도 속은 시커멓게 탔을 것이다. 태릉경찰서 블랙리스트에 오른 J는 긴 도피생활에 초절임이 되어 있었다. 나는 살아남을 곳이, J는 숨 돌릴 곳이 필요했다. 살림살이 없는 자취가 시작되었다.

그 자취집에 가려면 학교 앞 아스팔트 도로를 건너고 당구장과 중국집 사이로 난 샛길을 따라가야 한다. 개울이 하나 있다. 여름에 물이 제법 흐를 때는 중간에 놓여 있는 돌을 디뎌야 건널 수 있다. 하지만 겨울이 되면 얼어붙은 바닥에는 어느 집에서 뿌려놓았는지 연탄재가 널려 있다. 개울을 지나면 오른편에는 과수원이 산비탈에 걸쳐 있다. 늦은 가을 누런 봉지가 나무마다 매달린 그곳은 배밭이다. 사람 키와 비슷한 배나무가 촘촘한 그 과수원은 멀리 산자락을 향해서 조금 올라서 있다. 그 끝자락 능선에는 흰색 콘크리트 건물 지붕이 보인다. 학교 기숙사다.

기숙사 건물 꼭대기에서 아래를 내려다보면 과수원이 끝나는 곳에 다닥다닥 집들이 모여 있다. 자취방들이다. 고만고만한 대문들은 집 안 모습이 훤히 보이도록 엉성하다. 회색 대문을 밀고 들어서면 양옆에서부터 방문들이 촘촘히 붙어서 서로 마주 보고 있다. 그 마당 끝에는 수도가 있고 주인집이 대문을 마주하고 있다. 마주 보고 서 있는 방 사이는 채 몇 걸음이 되지 않는다. 창문을 마주 보고 있는 감방을 연상케 한다. 방 앞에 붙어 있는 한 뼘 남짓한 툇마루는 신발 하나 올려놓기도 힘들만큼 궁색하다. 그 위를 밟고 올라서면 도화지만한 창문이 달린 나무문이 하나씩 있다. 툇마루 아래에는 방마다 하나씩의 연탄구덕이 보인다.

자취집에는 사람들이 별로 보이지 않았다. 같은 처지 대학생들이 많이 있으리라 생각했다. 하지만 어찌된 연유인지 건너편 할머니 방을 제외하고는 여덟 개 남짓한 방의 주인공들을 본 기억이 없다. 하기는 그 방에 들어가던 시간들이 대부분 통금이 가까운 늦은 시각이었다. 자취방은 토굴처럼 밤에만 들락거렸다.

J 선배와 나는 서클활동에 빠져 있었다. 지금은 동아리라고 부른다. 서클 혹은 클럽은 매주 한 번씩 토요일 오후에 모였다. 아는 사람을 연결해서 모이다 보니 자연 친목 위주의 모임이 되었다. 남녀 비율은 반반을 유지했다. 무슨 대단한 활동도 아니었다. 하지만 자주 만났고 많이 놀러갔고 그리고 많이 마셨다. 봉사활동을 한다고 인천으로 먼 길을 다녀오기도 했다. 그렇게 만나야만 일주일이 지나갔다. 물론 놀고먹는 쪽에 치우치기는 했지만 그 와중에서도 클래식 기타 연주회도 하고 했으니 나름대로 교양을 흉내도 낸 셈이다.

모임이 끝나고 돌아오는 그 방은 늘 썰렁했다. 허구한 날 밖으로 돌아다니던 때에 방의 온기를 유지하기는 애초부터 불가능했다. 더구나 유일한 난방 수단이던 연탄을 꺼트리지 않는다는 것은 기적에 가까운 일이다. 보다 못한 건너편 할머니가 시뻘건 밑불을 건네준다. 하지만 우리 방 아궁이에 들어서기만 하면 비실비실 비 맞은 나무처럼 꺼져버리곤 했다. 비상수단으로 방 안에 석유풍로를 들여놓았다. 하지만 데모 최루가스보다 심한 냄새로 무용지물이 되고 말았다.

학기가 지나가고 배밭을 데이트 코스로 삼삼오오 놀러 오던 사람들이 줄어든다. 곧 겨울이 코앞에 있다. 기숙사 아래 자취촌은 점점 을씨년스러워진다. 하지만 배밭 건너 기숙사는 벌써부터 스팀이 들어오기 시작한다. 남향의 그 건물들은 방 안 구석까지 들어와 있는 초겨울 햇볕 덕분에 이미 훈훈해져 있다. 칙칙 거리는 스팀이 나오는 창가에는 커피 병들이 늘어서 있다. 여자 친구들이 가져왔음직한 꽃들마저 초겨울을 무색하게 하고 있다. 기숙사 친구의 방은 천국이었다.

겨울 자취촌은 유난히 찬바람이 세다. J는 어디로 다니는지 며칠씩 방을 비운다. 한겨울, 홀로 들어서는 컴컴한 방은 발바닥이 시리다. 덮을 것도 모자라 엊그제 교문에 걸어 놓았던 서클 행사 안내 현수막까지 더해도 뼈를 시리게 하는 냉기는 막을 수 없다. 윗목에는 얼어붙은 물그릇이 벌써 며칠째 녹지 않고 있다. 연탄구덕은 포기한지 오래고 잠만 자고 나가는 방 안은 바닥부터 천장까지, 빛이 들지 않는 벽을 따라 냉기가 얼어붙어 있다. 그곳은 시베리아였다.

찬바람이 이는 우리 방과는 달리 훈훈한 곳은 따로 있었다. 우리처럼 천방지축 돌아다니지 않고 늘 조용하던 K 선배는 우리 서클의 주요 멤버다. 섬섬옥수 여린 손가락으로 그림을 아주 잘 그리던 K는 전공이 건축이다. 세심하고 예민한 것이 건축인지 아니면 K인지는 모르지만 그 덕분에 그 방은 늘 깔끔하게 정리되어 있다. 자취방이라는 생각이 전혀 들지 않을 정도로 그 방은 언제나 훈훈했다. 난로 때문이다. 연탄을 사용하던 그 난로는 불이 꺼진 것을 본 기억이 없다. 방 안 한가운데를 차지한 검은 몸통 위로 솟은 흰색 연통은 벽을 따라 밖으로 연결되어 있다. 무엇보다도 나를 부럽게 만든 것은 난로 위에 김을 내뿜던 주전자이다. 약간의 향기마저 내뿜는 그 주전자 안에는 놀랍게도 감귤껍질이 들어 있었다. 한 잔 따라주던 그 감귤 차는 기숙사 창가에 놓여 있던 외제 커피와 함께 또 다른 천국이었다.

먹고사는 모양의 차이가 극심한 자취촌에서 우리 위치는 당연히 바닥이었다. K처럼 따끈한 감귤차를 끓일만한 차분함과 세심함이 없었다. 더불어 변변한 여자친구 하나 없는 J와 나는 야생 고슴도치같이 그 방에 머물지 못하고 밖으로 겉돌았다. 물론 매주 모이는 서클에는 여자 회원들이 있었고 좀 더 적극적이었다면 여자친구 정도는 만들 수 있었으리라. 축제 때만 되면 애인 없는 변변찮은 동기끼리 단체로 파트너를 구해오기도 했지만 세상에 공짜는 없다. 많은 정성과 시간을 들여야 생기는 것이 애인인데 그러기에는 무슨 이유에서인지 시간과 돈이 없었다. 자취방 근처에 여자는 금기라 생각했다. 고지식과 고생은 같이 다녔다.

학교 근처 자취촌에서 우리의 부러움을 가장 많이 받던 사람은 태권도 클럽을 열심히 다니던 Y 선배였다. 덩치가 크고 남자다운 얼굴을 가진 그의 권유로 나는 교내 태권도 도장을 다니기 시작했다. '여자는 강해 보이는 남자를 좋아하며 태권도가 그 답이다.' Y 선배 인생관이었다. 하지만 내 몸은 그리 크지도, 강하지도 못했다. 냉골 자취방에서 머리마저 얼어붙어버렸는지 간단한 동작도 따라가지 못했다. 도장에서 제일 잘하는 기술이라곤 바닥을 청소하는 일이었다.

그런 와중에 학교 축제에 태권도 시범조로 불려 나가게 되었다. 겨우 한 달 연습을 마친 내가 맡은 역은 송판 붙잡아 주기다. 다행이었다. 시범을 보이는 사람은 다름 아닌 Y 선배다. 격파 시범은 공중을 날아서 내가 붙잡고 있는 송판을 발로 격파하는 것이다. 하지만 어찌된 영문인지 기합 소리와 함께 부서진 것은 송판만이 아니었다. 자세를 제대로 못 잡고 있던 내 면상에도 발이 날아들어 뒤로 나가떨어진 것이다. 게다가 코피까지 주르르 흘렀다. 여학생들이 둘러싼 태권도장 한가운데에 대자로 누워 있던 나의 모습은 강한 모습의 태권도 전사와는 거리가 멀었다. 그게 태권도 마지막이었다.

Y의 방에서는 묘한 향기가 났다. 아기들 살 내음 같기도 하고 분 냄새 같은 것이 늘 은은했다. 총각들만 있는 방에서만 나는 고리타분한 냄새의 흔적이 없었다. 책상에는 책 대신 꽃이나 화장품이 늘 놓여 있었다. 여자였다. 주위 자취방들과 완연히 다른 방 안 분위기를 만드는 유일한 이유로 추리해볼 수 있었다. Y는 이미 전공을 접고 사법고시를 준비하고 있었다. 데모가 자주 있어서 전공 강의가 제대로 되지를 않고 쉬는 날이 공부하는 때보다 많은 때였다. 주위에서 사법고시를 준비를 하던 사람은 심심찮게 있었지만 이렇게 집까지

찾아오는 여자가 있는 것은 드문 일이었다. 어느 병원 간호사라 하던 그 여자를 직접 본 적은 없다. 또한 결혼을 했는지의 기억은 지금도 없다. 하지만 얼어붙은 냉방과 완연히 다른 그곳은 가장 부러운 천국 중의 천국이었다.

J 선배는 맞은편에 앉아서 맥주잔을 기울인다. 그러고 보니 그를 마지막으로 본 것이 벌써 십 년이 훌쩍 넘는다. 보스턴 근처 대학에서다. J 선배도 나도 아이들이 둘이고 위에는 딸이, 아래로는 아들이라는 것도 같다. 그는 최근에 책을 쓴 것이 나왔다고 나누어준다. '우리나라를 이끄는 과학자들' 그는 잘 나가는 대학교수가 되어 있었다. 물론 큰 덩치와 걸걸한 목소리는 여전하다.

오늘은 예전 서클 멤버들이 처음 모인 날이다. 졸업 후 처음 보는 얼굴들이 대부분이다. 이제는 서로가 궁금한 시간이 되었나 보다. K는 여전히 섬세한 손을 가지고 있다. 그동안 많은 건축물을 보러 다녔는지 얼마 전 다녀온 인도 이야기가 한창이다. 지방에 있는 대학에서 건축을 가르치고 있는 K는 예전의 서클 멤버 중에서 가장 옛 모습을 유지하고 있어서 주위의 부러움을 산다. 지나온 세월과 달리 차분한 성격은 여전하다. K가 졸업 후 지방대학에 자리를 잡고 그 집 아이들이 뛰어다닐 무렵 그의 집을 다녀온 일이 있었다. 앞에는 시내를 흐르는 강이 보이고 건너편에는 산이 보이는 집이다. 딸아이 둘은 찾아온 손님에게 인사를 한다. 바깥 경치가 좋다며 K 선배는 부인의 손을 잡고 아파트 옥상을 올랐다. 부인은 남편의 학교에서 강의 중에 있던 일, 건축에 관한 이야기 등을 처음 본 나에게 스스럼없이 이야기해 주었다. 천성이 밝고 명랑한 모습은 사람을 편하게 했다. 앞에 앉은 K는 인도 이야기를 끝냈는지 맥주로 목을 축인다.

대학 병원 지하실에 위치한 장례식장에는 사람이 많지 않았다. 지방이기도 하려니와 연락을 받자마자 내려온 까닭에 화환만 한두 개 입구에 덜렁 서 있을 뿐이다. K 선배는 펑펑 운다. 상가에서 저렇게 우는 사람을 본 기억이 별로 없다. 마주 절을 하는 우리들도 속울음을 삼킨다. 불과 열흘이 채 안 되었다. 서클 선후배들 모임 도중에 K가 먼저 내려간다고 했다. 부인 음식 솜씨를 은근히 자랑했던 그다. 집에 한 번 놀러 오라던 그다. 이제는 장례식장을 지키고 있다. 음료수를 날라다 주는 여자아이 둘이 검은 상복을 입고 있다. 이제 대학을 졸업한다는 큰 아이와 작은 아이는 아직도 그렁그렁한 눈 때문에 얼굴을 제대로 들지 못한다. 영정 속 K 부인의 얼굴을 두 아이는 빼닮았다.

오늘도 나는 공릉동 뒷골목을 지나간다. 당구장을 지나서 좁은 길을 가노라면 거기에 냇물이 보이고 늘어선 집들이, 내 방이, K의 방이, Y의 방들이 보인다.

오지마을 다섯 가구 이야기

'TV에 나온 원조 할머니 집'이란 팻말이 보인다. 쓰러져 가는 허름한 판잣집에 식기 몇 개와 비뚤비뚤 쓰인 글씨가 이곳이 밥집임을 알린다. 전기도 안 들어오는 이 깊은 산중에 뜬금없이 마주친 간판이 생경하다. 서울에서 차로 다섯 시간 걸리는 주왕산이다. 산 입구에서 이곳 마을까지는 다시 한 시간 반 걸어야 한다. 깊은 계곡과 폭포를 통과하면서 '오지마을'이란 안내판이 심심찮게 눈에 띈다. 계곡을 질러 넓은 분지가 보이고 다섯 가구가 등산로를 따라 붙어 있다. 주왕산 오지마을이다. 수십 년을 수려한 풍경과 아름다운 분지에서 살던 그 마을이 불과 1년 만에 어떻게 서울 뒷골목으로 변할 수 있는가를 보여 주는 곳이다.

다섯 가구가 지금 자리에 터를 잡은 건 20년 전이다. 다섯 번째 집을 빼고는 오래전부터 이곳에 살고 있었다. 누구 집에 숟가락이 몇 개 있는지도 알고 있었다. 다섯 번째, 그러니까 이곳을 들르는 등산객이 마지막으로 보게 되는 집에는 텁수염 '시인'이 홀로 살고 있다.

20년 전, 산이 좋고 별이 좋아서 이곳에서 살아온 그가 끄적끄적 적어 놓은 것을 어떤 등산객이 그의 시와 함께 이곳 다섯 가구 삶을 소개했다. 〈오지마을, 무공해마을〉이란 제목으로 방송을 탔다. 지방 방송국에 이어 중앙 방송국 TV에서도 사진을 내보냈다. 연이은 TV 방송 뒤를 따라 들어온 것은 줄을 잇는 등산객이었다.

주왕산 여러 갈래 등산로 중에서도 다섯 가구가 살고 있는 등산로로 사람들이 몰려 올라왔다. 예전에 어쩌다 지나가던 등산객들은 집 앞 우물에서 시원한 물을 한 바가지 마시거나 아니면 다섯 번째 시인 집에서 산나물차를 한 잔 얻어 마실 뿐이었다. 이제 주말이면 이곳 분지에는 형형색색 등산객들이 나무보다 더 많이 몰려온다. 첫 번째 집 마당에는 100개도 넘는 의자들이 손님을 기다리고 있다. 주말이면 음식 만드는 냄새, 술 달라는 소리, 누군가가 틀어 놓은 노래 소리에 서울 명동 뒷골목을 방불케 한다. 주말에는 외부에서 주방 아주머니만 10명이 넘게 원정을 온다.

둘째 집은 사슴 할아버지 집이다. 지난번 TV에서 잘생긴 용모와 어울리는 수염 덕에 '스타 할아버지'가 되었다. 그는 더 이상 사슴을 기르지 않는다. 주말 대부분을 첫 번째 집 마당 한쪽에서 그를 찾아오는 사람들 사진 모델이 된다. 이제 그는 평일 낮에도 모자와 등산화까지 차려입고 앉아 있다. 셋째 집은 'TV에 나온 원조 할머니'라는 바로 그 팻말을 붙인 할머니 집이다. 첫째 집과 마찬가지로 길에 붙어 있어서 주말 등산객들에게 음식과 술을 팔기 시작했다. 하지만 등산객 대부분은 첫째 집 넓은 공터에서 머무르고 돌아갈 뿐이다. '이곳에서 제일 오래 산 할머니'로 TV에서 소개되었던 할머니의 누추한 집에는 손님이 별로 없다. 주말이면 할머니는 첫째 집이 원망스럽다. 자꾸만 공터를 넓히고 식탁을 놓으면서 이곳으로는 손님을 보낼 생각을 안 한다.

TV 방송 이전에는 저녁이면 계곡에 모여서 옥수수를 구워 먹던 다섯 가구는 이제 더 이상 서로 말을 하지 않는다. 원조 할머니는 점점 말이 없어졌고 얼굴은 침울해졌다. 그리고는 어느 날 판자에 글씨를 써서 붙였다. 'TV에 나온 원조 할머니 집'이다.

넷째 집은 이곳에서 50년을 지낸, 다섯 가구 대표 반장이다. 이 집은 요즈음 전화를 설치하느라 바쁘다. 민박을 하는 등산객이 점점 늘면서 예약을 받아야 하기 때문이다. 처음에는 밥집을 할까 했다. 하지만 첫 집이 밭쪽으로 공터를 넓히면서 포기했다. 이제는 민박을 본격적으로 늘리려 하고 있다. 이미 계곡 쪽으로 집을 한 채 더 만들었다. 그의 밭에는 더 이상 배추를 볼 수가 없다.

평일에는 등산객들이 많지 않다. 내가 들른 곳은 다섯 번째 집이었다. 아니, 다른 집은 들를 수가 없었다. 첫 번째 집은 무언가를 잔뜩 쌓아놓고 음식을 만드느라 인기척에도 고개를 들지 않았다. 두 번째 집 할아버지는 단정한 옷차림으로 벽에 기대어 잠들어 있었고 셋째 할머니는 팻말 너머로 첫째 집을 바라보고 있었다. 넷째 집은'안녕하

세요'라는 내 인사에 힐끗 고개를 돌릴 뿐 계속 전화통을 붙들고 있었다.

다섯 번째 집은 아랫집들과는 약간 떨어져 산기슭 쪽으로 붙어 있었다. 인기척이 없었다. 그 집으로 들어선 이유는 그 뒤로는 더 이상 집이 안 보였고 목도 말랐기 때문이다. 집 앞에 통나무 의자가 나무 그늘 아래 몇 개 놓여 있었고 졸졸 물이 흐르는 샘물이 있다. 갈증을 채울 겸 앉은 의자에서 바라보는 맞은편 산은 짙은 유화로 그려 놓은 커다란 병풍이다. 옅은 녹색 나무와 짙은 붉은 꽃 그리고 푸른 하늘로 채워졌다. 산을 다녀오는 모양인지 망태 하나 나물을 메고 돌아온 '시인'은 미소 한 번 짓더니 샘물가에서 발을 싹싹 씻는다.

그는 이곳에서 산을 20년 다녔다. 어디에 어떤 동물이 사는지, 어디에 송이버섯이 많은지를 훤히 알고 있다고 한다. 얼마 전 발간한 시집을 두 권 보여 준다. 『오지마을 이야기』란 제목의 시집에는 다섯 가구 사람들 이야기가 쓰여 있다. 구름, 밭, 새, 바위, 할머니 그리고 계곡에서 먹던 옥수수가 나온다.

요즈음 그는 고민이 많다. 이곳 다섯 가구들 이야기 거리가 많아지기는커녕 점점 줄어들기 때문이다. 시를 쓸 거리가 없다고 한다. 아름답고 조용하던 마을이 왜 이리 짧은 시간에 서울 시내 뒷골목으로 변했는지, 왜 계곡에 깡통 쓰레기들이 보이기 시작하는지, 그는 아직도 이해가 안 된다고 한다. 20년을 산에만 있던 그에게는 이해가 안 될지 모른다. 하지만 나는 이곳 오지마을이 변하는 모습이 낯설지 않다. 내가 살던 시골 동네 개울가도 이제는 발을 들여놓을 수가 없게 변했다. 개울가에는 고층 아파트가 들어섰다.

차를 따르던 시인은 이야기한다. '이제는 옮겨야 할 것 같다. 산을 조금 더 올라간 곳에 있는 널찍한 남향 분지가 움막을 짓기에는 괜찮을 것 같다' 이곳 오지마을을 떠나고 싶은 거다.

내년에 이곳에 다시 온다면 그를 만나러 좀 더 깊은 산으로 가야 하나 고민이다.

K가 내민 손

금요일 퇴근길이다. 지하철역 가는 길에는 늘어선 포장마차와 출출해진 속을 채우려는 사람들로 인해 늘 북적인다. 비까지 부슬거리는 그 날의 지하철 입구는 어느 때보다 더욱 많은 사람들로 내려가기가 힘들었다. 하지만 그 북적거림의 일상은 전철 입구에 있는 매표소 부근부터 평소와 다른 모습으로 변했다. 사람들의 웅성거리는 소리와 황급히 움직이는 제복 차림의 사람들이 무슨 일이 일어났음을 알려주고 있다.

개찰구를 밀고 아래 승강구의 계단을 내려서자 건너편 철길에는 열차가 출발하지 않고 서 있다. 그 안의 사람들은 무슨 일인가 하고 바깥을 두리번거리고 있다. 내려선 바로 정면의 열차 아래에는 제복 차림 사람들 사이로 들것이 열차 밑에 놓여 있고 무언가가 그 위에 얹어져 있음을 어두운 조명 속에서도 볼 수 있었다. 삐죽이 솟아있는 두 발을 보는 순간 그것이 사람의 주검이고 바로 눈앞에 있는 열차가

역내로 들어올 때 사람이 뛰어든 것임을 알 수 있다. 눈앞에 있는 누워 있는 꾀죄죄한 운동화 위로 K의 얼굴이 겹쳐 보였다.

우리가 K를 처음 만난 것은 올해 여름 무렵이었다. 내가 '우리'라고 한 것은 그가 속한 연구 분야가 내가 속한 연구 분야와는 다르고 우리 분야 학술 단체에서 계획한 중국 대학 방문에 그가 신청을 했기 때문이다. 잘 들어보지 못한 생소한 이름의 신청자여서 행사를 준비하던 우리들은 다소 의아해했다. 보통 외국 대학 방문은 그 분야 사람들만 참여하고 그것도 비교적 가까운 사람들만이 참여하는 형태여서 친목의 성격도 가지고 있기 때문이다.

아침 일찍 공항에서 처음 만난 K 연구원은 우리 일행들과 인사를 했다. 우리 일행은 이런 학술 모임에 자주 참여해서 서로 잘 아는 사이였다. 우리 일행들이 모난 사람이 별로 없고 같이 어울리기를 좋아해서인지 K 연구원도 처음 만남의 부담을 덜고 있는 것 같았다. 심지어 말주변이 별로 없고 처음 보는 사람과 말을 나누는 데 오래 걸리던 나와도 이야기를 했으니 말이다. 그는 자기 분야에서 우리 쪽 분야 지식을 사용해서 무언가를 하고 싶다고 했다. 아직 우리 분야 지식이 많지 않아서 이번 모임을 통해서 사람도 알고 내용도 배울 겸해서 왔다고 했다. 우리는 K 박사가 욕심도 많다고 하면서 그의 용기를 칭찬도 해주고 또 부러워하기도 했다.

외국 대학에서의 세미나 내내 K 연구원은 발표 내용에 많은 관심을 보였다. 그렇게 기억하는 이유는 하루 종일 계속되는 세미나에도 전혀 피로한 기색도 없이 집중하고 있었기 때문이다. 저녁 식사 중에 그는 술을 거의 입에 대지 못하였다. 원래부터 술을 잘하지 못하고 얼굴이 금방 붉어지기 때문이라 했다. 저녁에 이은 맥주 자리는 만담과 웃음소리가 넘친다. 같은 분야 사람들이란 점도 있지만 이런 식의 모임을 가진지도 십 년이 넘어가고 있다. 서로를 잘 알고 있어서 때로는 심한 농담으로 상대방을 놀려주기도 하였다. 배타적이 될 수도 있는 모임이지만 다른 사람에 대한 배려를 아끼지 않는 좋은 심성의 사람들 덕분에 말주변이 별로 없던 K 박사도 즐겁게 시간을 보내고 있었다. 그가 즐거워하고 있다고 기억하는 이유는 네 번의 술자리에 술을 제대로 하지 못하면서도 빠지지 않고 참석을 하고 있었기 때문이다.

세미나와 연이은 다른 도시의 방문 때도 그는 우리 그룹과 같이 있었다. 하지만 2~3일의 여정 동안 나는 그와 많은 이야기를 나누지 못했다. 나는 붙임성이 뛰어나지도 않았지만, 처음 만난 사람과 개인적인 이야기를 나누기보다는 새로운 풍경 속에 파묻히는 걸 즐겼다. 그 학회 이후 K를 다시 만난 것은 매년 실시하는 우리 단체 망년회 장소에서였다. 그가 이곳을 찾은 것을 보면 아마도 처음 만남 이후로 우리 단체에 새로이 가입을 했거나 아니면 그전에도 가입을 했는데 우리와 같이 여행을 다녀온 이후로 망년회에 참가한 것인지도 모른다.

K는 벽 근처 테이블에 많은 사람들 사이에 앉아 있었다. 반갑다고 간단한 인사만 한 후 나는 건너편 테이블에 자리를 잡았다. 몇 사람

이 함께 다니던 여름 해외 학회 행사와는 달리 망년회는 모든 회원들이 참여한다. 따라서 테이블에는 안면이 있는 사람끼리 앉는 것이 보통이다. 아는 사람이 거의 없던 K는 건너편 테이블 사람들 사이에 말없이 앉아 있었다.

건너편 테이블에 앉아 있던 K가 내가 있던 테이블로 온 건 망년회 행사가 거의 끝날 무렵이었다. 별로 말주변이 없던 그와 역시 마찬가지이던 나는 그저 간단한 안부만을 묻고 있었다. 이야기는 중간중간 끊기면서 연결되지 않고 있었다. 이제 자리는 파장 분위기로 한두 사람씩 일어나서 나간다. 아는 친구가 나를 부르며 귀가를 재촉한다. 데면데면한 자리를 떠나는 것을 다행으로 여기며 나는 일어섰다. K가 손을 내밀었다. 입구를 나오면서 그를 돌아보았을 때 그는 여전히 내가 앉았던 테이블에 홀로 앉아 있었다.

내가 그의 소식을 다시 들은 것은 정초였으니 연말 망년회 모임 후 3주가 지났을 때였다. 저녁 뉴스는 어느 연구원의 자살 이야기를 내보내고 있었다. 그가 업적 문제로 힘들어했고 본인의 차에서 연구실에서 사용하던 독극물을 마셨다고 했다. 이번 말고 이미 한 번 자살을 시도했었다는 이야기를 들을 때에도 그가 K라는 것을 몰랐다.

오늘도 매일같이 다니는 지하철 그곳 승강장에 내려선다. 들것이 있었던 바로 그 자리에 K의 모습이 보인다. 그는 나에게 손을 내밀고 있다.

梨花에 月白하고

"이화에 월백하고……"

J 교수가 운을 떼자 시끌벅적하던 자리가 순식간에 조용해졌다. 침묵이 흘렀다. 침묵은 다음 구절을 강요하고 있었다.

"은한이 삼경일제……"

어느 구석에선가 들려오는 답에 사방에서 박수 소리가 들린다. 답의 근원지는 구석에 앉아 있던 P 박사다. 또다시 정적이 흐른다. 흡사 처음 운을 던져 놓은 과거시험 같은 팽팽한 분위기가 좌중을 압도한다.

"이런들 어떠하리 저런들 어떠하리"
얼토당토않은 소리를 한 건 늘 사람을 웃기던 K 교수다. 분위기는 삽시간에 흐트러진다. 이곳저곳에서 이런 말, 저런 구절을 계속하여

읊어대지만 웃음만을 자아내는 엉뚱한 소리들이다. 실없는 답을 한 친구들에게 막걸리 한 잔씩 벌로 안긴다. 그리고는 고등학교 때 그리도 달달 외던 시조가 생각이 나지 않는 것을 서로 흠잡으면서 다시 기억과 추억을 위해 탁한 막걸리 양푼 그릇이 오간다.

일렬로 늘어선 탁자에 등받이가 없는 나무 의자는 오십 년대 동네 선술집의 모습 그대로다. 갓을 달지 않은 전구는 하얀 벽을 비추면서 흔들리고 속이 훤히 보이는 맨몸의 전구 알은 무엇 하나 감추지 않겠다는 듯 사람들을 느슨하게 풀어놓고 있다. 벽지는 시간이 흘렀음을 알려 주는 듯 누런색으로 변해 있었고 그 위를 큰 글자, 작은 글자 낙서들이 촘촘히 메우고 있다. 앉아 있는 동료들의 지긋한 나이에 비하면 벽 낙서는 이곳이 한참의 청춘들이 드나드는 대학가임을 알려 주고 있다. 화장실에 쓰여 있는 유치한 낙서도 아니고 시국을 논하는 비분강개한 어조도 아닌 소소한 일들이 벽을 메운다. 대학생들의 숨김없는 마음들이 막걸리와 함께 그대로 튀어 오른다. 졸업 후 먹고 살 걱정, 여자 친구와의 무용담, 낯간지러운 사랑 고백, 비싼 등록금 걱정, 하지만 그래도 제일 많이 눈에 띄는 것은 역시 술에 대한 예찬이다.

'술타령'
'날씨야 네가 아무리 추워봐라
내가 옷 사 입나
술 사먹지'

이 집 막걸리는 맛이 특이하다. 아니 월등하다. 길거리 포장마차에서 마시는 막걸리는 대부분 플라스틱병에 담겨 있고 만드는 회사와 상관없이 탁한 쓴맛이 뒤 끝에 남는다. 예전에는 막걸리 맛을 내기 위해서 카바이드도 사용했다는 믿지 못할 이야기도 있다. 한밤중에 불을 밝히기 위해서 밤낚시 혹은 노점상들이 사용하던 카바이드의 그 싸-한 냄새다. 그 냄새가 시중 막걸리에서도 그대로 우러나온다니 카바이드 이야기가 그리 허황되지는 않다. 하지만 이 집 막걸리는 전혀 그런 인공 맛이 아니다. 걸쭉하면서도 혀를 스치는 매끄러운 감촉은 잘 익은 김치를 그대로 한입 가득히 집어넣었을 때처럼 혀를 감싸 안는다. 또한 입 안 또 다른 구석에서는 꿀을 한술 가득 퍼 담은 수저를 입에서 아까운 듯 굴리는 달콤함도 있다. 막걸리는 커다란 주전자에 담아서 온다. 큰 독을 땅속에 묻고 독 안에 가득 찬 막걸리를 긴 막대로 휘휘 저은 후 죽 잡아 빼면 막대기 끝에 매달린 큰 그릇에 엷은 황금빛 액체가 철철 넘친다. 이곳저곳 온전치 않은 주전자에 콸콸 붓는 소리는 보는 이로 하여금 입맛을 다시게 한다.

이런 부산스러움과 시끄러움, 푸짐한 안주, 그리고 무엇보다 걸쭉한 막걸리 때문에 많은 대학생들이 학교 앞 이 집을 가득 메우고 있다. 서로 붙어 있는 두 방을 나누는 건 미닫이문처럼 보이지만 삼십 년 세월이 두 방을 나누고 있다. 젊은 대학생들이 바깥방을 가득 메우며 삼삼오오 테이블에 둘러앉아 있는 반면 흰머리 희끗한 학회 동료 교수들이 안쪽 방에서 지난 시간들 조각을 맞추며 막걸리 잔을 들고 있다.

막걸리를 처음 마셔본 순간의 칼칼한 기억은 지금도 목을 간질거리게 한다. 매일 한 주전자 이상 막걸리를 마시던 큰 형은 일곱 살 어린 나에게도 심부름을 시켰다. 지금이라면 미성년자에게 술을 사 오라고 하는 것이 불법이냐 아니냐를 놓고 시비가 붙을 일이다. 하지만 어린 나이에 술 주전자를 들고 동네 구멍가게로 향하는 일은 기다리던 즐거움이었다. 딸랑거리는 주전자를 흔들면서 다녀오던 시간이 컴컴한 밤도, 어스름한 저녁도 아닌 훤한 대낮이었다는 기억은 지금도 생경하다. 이십 년이 지난 지금 생각해보면 초등학교 선생님이던 큰형이 낮에도 집에서 막걸리 한 주전자를 풋고추와 함께 마시던 것도 큰 즐거움이었다. 그렇다고 코끝이 빨간 주정뱅이와는 전혀 다른 창백하고 말짱한 얼굴이었다.

집 뒤에는 높은 철봉이 하나 있었다. 내 작은 몸에는 어림도 없는 그 철봉에 큰형이 가볍게 올라선다. 밀가루를 손에 칠하고 굵은 천으로 손과 철봉을 감싸 맨다. 가볍게 몸을 한두 번 앞뒤로 구른다. 점점 빨라지던 앞뒤로의 움직임은 어느 순간 철봉 꼭대기를 넘어서면서 빙글빙글 돌기 시작한다. 철봉을 중심으로 빙빙 돌다가는 꼭대기에서 잠시 멈추어 선다. 반듯이 펴져 있는 몸과 다리 끝에서부터 날이 선 듯한 하얀 운동복이 푸른 하늘에 날렵하다. 다시 아래를 향해 내려가는 순간은 마치 절벽에서 아래를 향해 내리꽂는 한 마리의 바닷새 모습이다. 보고 있는 나도 절벽에서 뛰어내리는 듯 오금이 저린다. 날아가는 듯 가벼운 몸매에 손가락은 희고 길었다. 심부름을 가는 내 손에 지폐를 쥐여 주던 손이 피아니스트의 길고 가는 손가락을 연상케 하는 큰 형에게 막걸리보다는 오히려 소주의 탁 쏘는 맛이 더욱 어울렸을지도 모른다.

막걸리 가게는 눈을 자극하는 것들이 그득한 보물창고였다. 조그만 동네 구멍가게였지만 알사탕과 캐러멜 과자는 눈을 돌리지 못하도록 나를 유혹하고 있었다. 주전자를 받아든 가게 아주머니는 가게 뒤 바닥에 묻어놓은 커다란 항아리에서 막걸리를 퍼 담느라 가려서 보이지 않는다. 순간 가슴이 뛴다. 입안에 살살 녹던 알사탕, 그리고 쫄깃쫄깃 혀에 달라붙던 캐러멜 과자. 손만 뻗으면 금세 주머니에 집어넣을 수 있을 만큼 유혹은 가까웠다.

쿵쿵거리는 심장소리와 간질거리던 손끝은 수십 년이 지난 지금도 몸에 살아남아 있다. 세 살 버릇 여든까지 간다고 했지만 나에게 잠재해 있던 도벽이 더 이상 발전되지 않은 것은 참으로 다행스러운 일이다. 주전자를 받아들고 돌아선다. 그 순간을 넘기고, 아니 넘긴다기보다는 알사탕과 캐러멜을 포기하고 돌아올 수 있던 까닭은 또 다른 숨겨 놓은 즐거움이 기다리고 있었기 때문이다. 골목길로 꺾어 들면서 주전자 끝에 입을 대고는 한 번 쭉 들이킨다. 이 맛이 알사탕보다 캐러멜보다 훨씬 더 짜릿했다. 숨겨놓은 떡이 더 맛있다고 했나. 그때 톡 쏘는 사이다 맛, 컬컬하고 걸쭉한 맛이 나에게 각인된 막걸리 맛이다. 좁은 골목길에서 혼자 몰래 먹던 막걸리의 그 아슬아슬한 맛은 사탕을 보면서 가슴 떨리던 순간과 함께 일곱 살의 나를 아주 가까이 유혹하고 있었다. 하지만 술주정뱅이도, 소매치기도 되어 있지 않은 것은 아마도 그 형이 천수를 다하지 못하면서 나를 그 유혹에서 벗어나게 한 연유이리라.

주위 동료들은 오랜만에 맛보는 막걸리와 두부김치, 그리고 분위기에 취해 있다. 이곳 막걸리 집에 오기 전 J 교수는 학회 참여자인 우리들을 어둠이 깔린 캠퍼스로 이끌었다. 사월의 꽃인 영산홍이 양옆으로 붉은빛을 발하고 있다. 선선한 바람, 봄날의 어스름 저녁 그리고 젊은 학생들의 하늘을 찌르는 웃음소리는 이곳이 대학 캠퍼스임을 알려 주고 집 떠난 여행자처럼 우리들 마음을 설레게 한다. 매년 지방에서 열리는 학회에 참가하는 즐거움 중의 하나는 지방의 색다른 정취를 맘껏 느낄 수 있는 푸근한 분위기다. 물론 학회를 준비하는 당사자들은 더없이 힘들고 손이 많이 가는 일이다. 그런 힘든 와중에서도 참가자들에게 이런 막걸리를 맛보게 하는 J 교수는 사람들을 아주 편하게 하는 재주가 있다. 불혹의 나이를 훌쩍 넘은 나이에 사람을 편하게 하는 것을 단지 재주라 칭할 수 있을까. 수십 년을 닦아온 덕행이요, 몸에 밴 인품이리라.

이런 넘치는 대접을 받은 나는 과분함에 내심 미안할 뿐이다. 지방에 가면 늘 그곳에 있는 학회 동료들로부터 많은 대접을 받는다. 이에 반해 동료에 대한 나의 대접은 근처에도 미치지 못한다. 어쩌다 상경하는 동료들을 서울에 산다는 핑계로 그냥 돌아가게 만들거나 기껏해야 저녁이나 먹고는 의무를 다한 표정을 짓고 있으니 그냥 내려가라는 다른 표현이다. 서울에도 보여 줄 서울만의 풍경이 많이 있을 터인데 당연히 서울에는 정취가 없으리라 미루어 짐작한다. 사람에 대한 정과 베풂이 부족한 탓과 아직 덜 닦인 품성으로 객을 편하게 대접하는 덕행을 못 쌓았나 보다.

셀 수 없이 많은 주전자의 막걸리가 비워지고 그득하던 동료들이 각자의 숙소로 돌아가고, 아직 성이 차지 않은 서너 명이 마지막 잔을 비우고 문을 나서서야 J 교수는 슬그머니 남겨놓은 비장의 카드를 꺼낸다.

'이화에 월백하고 은한이 삼경일제…….'

바로 오늘이 보름이고 날이 맑아 달빛이 밝으니 배꽃을 보러 가자는 것이다. 그러고는 대답을 할 틈도 주지 않고 택시를 불러 세운다. 대학을 벗어난 근처 깊은 산골짜기에 오솔길이 있고 배꽃이 피어 있는 곳이 있다는 것이다. 두말 않고 따라선 그곳에는 깊고 호젓한 산길이 이어져 있었다. 시내로부터 많이 떨어진 까닭에 불빛은 전혀 보이지 않는다. 하지만 밝은 달은 이미 하늘 한가운데서 온 사방을 비추고 있다. 은은했다. 저 건너 보이는 산이 손에 잡힐 듯 다가와 있고, 산기슭이 검은 천처럼 사방을 두른 그 한가운데 배꽃들이 흰 눈밭처럼 펼쳐져 있다. 배꽃은 달빛에 휩싸여 희다 못해 푸른빛으로 그 흰빛을 뿌려내는 듯하다. 가지 하나하나가 무슨 근심을 품은 듯, 처연한 빛을 발한다. 은은한 달빛 아래의 배꽃은 이미 한 잔의 술로 느슨해진 나를 깊은 꿈으로 이끌고 있다.

대학 시절 태릉 배밭에서 보았던 그 배꽃은 조용한 산중에서 지금 나에게 무슨 이야기를 하려는 듯하다. 취기 때문인가. 무슨 소리가 들리는 듯하다. 수십 년 동안 난 같은 모습으로 널 지키고 보살펴 주었는데 너는 그 보답으로 무얼 했냐고 물어보는 것인가. 너는 밤늦게 동료들을 이런 장소에 데려갈 정성도, 품성도 없지 않느냐고 묻는 것인가. 취기와 감상에 젖은 나를 J 교수가 깨운다. 그리고는 낭랑한 목소리로 나의 갈증을 풀어준다.

이화(梨花)에 월백(月白)하고 은한(銀漢)이 삼경(三更)인 제
일지춘심(一枝春心)을 자규(子規)야 알냐마는
다정(多情)도 병(病)인 양하여 잠 못 드러 하노라.

(배꽃이 피어 있는 달밤, 은하수 흘러가는 삼경에
한 가닥 가지에 피어나는 봄 뜻을 소쩍새가 알겠냐마는
정이 많음도 병인 것 같아 잠 못 들어 하노라)

버스 창문 속 청년

오늘은 아침 출근 버스가 삼 분이나 늦었다. 쌀쌀한 아침 바람 속에서 기다리는 시간이 삼십 분은 족히 된 듯하다. 혹시 다른 사람이 내가 툴툴거리는 소리를 들었다면 아마도 통근 버스를 타는 데 몇십분 걸리는 거리에서 힘들게 온 줄 알 것이다. 하지만 버스가 서는 이곳에서도 방금 빠져나온 내 아파트 창문이 코앞에 보인다. 버스가 서는 곳은 아파트 입구 바로 길 건너에 있다. 버스가 오는 것을 보고 집에서 뛰어나와도 될 만큼 가까운 거리로 먼 길에서 택시를 타고 오는 다른 사람에 비하면 축복받은 자리이다.

조금 늦었다고 미안해하는 운전기사를 본척만척 자리에 앉는다. 오늘은 아침부터 심사가 편치 않다. 제출하지 못하고 미루고 있는 과제 보고서, 내일까지 보내 달라는 논문, 채점해야 하는 시험지 등이 머리에서 떠나지 않고 짓누르고 있다.

버스는 이곳에서 타면 바로 학교 사무실 앞까지 데려다준다. 늘 앉는 자리이지만 오늘따라 천장에서 나는 잡음이 신경을 거스른다. 무슨 나사가 빠져있는지 차가 움직이는 동안 삐거덕삐거덕 들릴락 말락 신경을 긁는다. 도대체 기사는 이런 문제를 아는 거야 모르는 거야. 뭐라고 해주고 싶지만 새벽 일찍 집을 나선 운전기사에게 무어라 하기도 그렇다. 덕분에 속만 부글거린다. 학교 당국은 도대체 복지에 관심이 있기는 한 거야.

이제 며칠 내로 업적평가서를 내야 한다. 매번 논문을 쓴다고는 하지만 학교는 끊임없이 많은 논문을 요구한다. 이제 좋은 시절은 다 갔어. 어제저녁 누군가가 술자리에서 푸념 삼아 하던 말이 아직 덜 깬 머리와 함께 남아 있다. 그래, 교수도 별거 없어. 월급이 많기를 해, 일이 적기를 해, 학생들이 버스에서 자리를 내주기를 해. 그 말에 끄덕끄덕 동조하던 기억이 흔들리는 차 안에서 속을 메슥거리게 한다. 오늘은 아침 출근 버스에서부터 기분이 안 좋다. 아니 가만히 생각해 보니 오늘뿐만 아니고 삐걱거리는 버스 천장 소리는 요즘 들어 매일 나를 기분 나쁘게 만들고 있었다.

통근 버스는 이제 시내 한가운데를 통과하고 있다. 출근 시간 시내 길은 막힌 차량과 그 사이를 빠져가는 사람들로 북새통이다. 고등학생들이 학교 앞 좁은 골목길을 몰려간다. 가방을 어깨에 삐딱하게 메고 삼삼오오 무슨 재미있는 일이라도 있는 듯, 웃고 장난치는 모습이 커다란 창문 너머로 훤하게 보인다. 그들의 웃는 모습은 천장 잡음에 화가 나 있는 나를 머쓱하게 한다.

환하던 창문이 갑자기 무언가로 꽉 찼다. 차 옆으로 시내버스가 바짝 붙어 섰기 때문이다. 높이가 비슷한 학교 출근 버스와 시내버스가 나란히 서니 내가 앉아 있는 바로 옆으로 시내버스 안의 사람과 얼굴을 맞댄 형상이다. 그나마 훤한 창문 덕분에 거울을 마주본 듯한 바로 그 시내버스는 많은 사람으로 꽉 차 있었다. 앞뒤로 꼼짝 못하고 빈틈으로나마 조금 움직이는 틈새로 내가 타고 있는 버스를 아래위로 보는 청년이 보인다. 옆면에 학교 이름이 커다란 버스 안에서 넉넉한 자리, 안락한 의자에 기대어 앉아 있는 대학교수를 그는 물끄러미 바라보고 있다. 부러움이 가득한 눈이다. 차마 눈을 마주치지 못하고 나는 눈을 돌린다. 거기 만원 버스에서 나를 보고 있는 청년에게서 예전의 나를 본다.

지금은 다른 대학교가 들어서 있는 공릉동의 공대 건물은 서울 시내에서는 멀고 먼 변방이다. 그 시절 학교로 가는 버스는 두 종류뿐이었다. 거리도 멀고 버스도 몇 대 없어서 한 번 놓치면 다음 버스를 기다리는 시간에 담배 두서너 대는 족히 태워야 했다. 청량리는 공대생들이 주로 버스를 이용하던 장소였다. 종로도 있긴 했지만 특별한 경우가 아니면 청량리 뒷골목 소주집이나 중국집이 모임 장소가 되곤 했다. 소주에 얼얼하게 취한 채 밤늦게 버스를 기다리던 정거장은 사뭇 긴장이 흐른다.

다가올 전투를 기다리며 배낭을 챙기는 군인들처럼 전투 아닌 전투를 우리는 준비했다. 화장실을 다시 한번 다녀오는 것은 시험장에 수

험표를 챙기는 것만큼이나 중요하고 절박한 일이었다. 한참을 기다린 끝에 저기 멀리서 눈에 익은 번호의 버스가 보인다. 이미 만원임을 알려 주는 듯 운전사 옆으로 빼곡하게 선 사람들이 보인다. 숨을 한 번 크게 들이마시고 밀고 올라선다. 올라서려고 힘을 쓴다기보다는 버스 입구에 튀어나온 벌집 모양으로 우리는 무조건 매달렸다.

문을 닫기 위한 차장과 운전사의 노련한 협동작전은 매달린 우리들도 감탄치 않을 수 없을 만큼 절묘했다. 버스는 출발과 동시에 왼쪽으로 크게 휘어 돌면서 사람을 한쪽으로 몰아댄다. 짧은 비명소리와 동시에 혹처럼 매달린 우리는 그 순간 안으로 밀려들어 간다. 등 뒤로 차장이 재빨리 문을 닫고 출발을 외치는 소리와 함께 우리는 다시 짐짝처럼 출입문으로 밀쳐진다. 학교로 돌아갈 수 있다는 안도감에 우리는 마주 보고 킬킬거린다.

사람들을 두루마리 휴지처럼 구겨 집어넣은 버스가 자정 무렵의 한적한 밤길을 뒤뚱뒤뚱 달리는 건 기이한 기억이다. 하지만 학교가 있던 공릉동, 그리고 더 지나가 종점인 상계동은 서민들이 모여 살던 변두리 마을이었다. 화려한 불빛 속에서 통기타 소리가 흘러내리던 술집이 호박마차를 타고 간 신데렐라의 무도장이라면 한밤중의 공릉동 시내버스는 시간에 쫓겨 돌아오는 남루한 모습의 신데렐라를 태운 낡은 달구지인 셈이다.

시내에서 밤늦게 돌아오는 버스가 짐짝처럼 사람을 실었다면 저녁에 시내로 나가는 시내버스는 우리들을 콩나물시루처럼 실었다. 그래도 대학교 앞이라고 시내버스를 기다리는 사람들은 종종 줄을 만들곤 했다. 그 늘어선 모습이 악보에 그려진 늘어선 콩나물 같았다. 머리가 크고 몸이 호리호리한 콩나물은 못 먹어서 바짝 마른 아프리카 어린아이들을 닮았다. 대학 때 내 모습이 콩나물과 비슷하다고 기억하는 건 실제 모습이 그랬는지 아니면 차례로 줄을 서서 버스 안으로 들어서던 모습이 콩나물시루 속 빼곡한 노란 콩나물 같아서인지는 분명치 않다.

대학교 앞에서 줄지어 오른 시내버스가 바로 떠나지를 않는다. 무슨 일인가 고개를 내민다. 바로 그때 일련의 대학 퇴근 버스들이 줄지어 학교 정문을 빠져나간다. 대통령 차가 지나가는 듯 제복 차림의 수위들이 일제히 경례를 붙인다. 내가 올라탄 시내버스는 그 차들이 다 지나가도록 움직이지 못한다. 숨이 막혀오기 시작하는 시내버스 안에서 그 차들을 본다. 넉넉한 의자, 넓은 창에 지그시 눈을 감고 있던 교수들이 보인다. 그들을 망연자실 쳐다본다. 저 사람들은 참으로 사는 것이 즐거울 것이다. 더 이상 바랄 것이 무엇이 있겠는가. 무엇이 될지 무엇이 되고 싶은지도 불분명하던 방황하던 한 대학생에게 그들은 마냥 부러운 존재였다. 너무 먼 거리에 그 사람들이 앉아 있었다. 내가 감히 될 수 있기나 한 것일까.

나는 한 번도 교수가 내 꿈이라고 써 본 기억이 없다. 초등학교 시절 매번 채워야 하는 장래 희망 직업은 양극단이었다. 대통령과 동사무원이다. 공무원이라는 공통점이 있지만 이 두 개가 진지한 고민 뒤에 나왔다는 기억 또한 없다. 대통령은 당시 아이들에게 가장 많이 나오던 희망 직업이다. 줄반장을 한 번이라도 한 아이들은 장래 희망 직업란에 '대통령'을 채워야 했고 나 또한 그러했다.

동사무원이 무엇을 하는지는 어린 나로서는 이해하기 힘들었다. 하지만 땡볕의 여름에 한 시간을 걸어서 도달한 시골 동사무소는 천국이었다. 널찍한 장소에 시원한 선풍기가 돌고 있었다. 넉넉한 의자에 앉은 채 줄 서서 기다리고 있는 사람들을 느긋하게 상대하던 그 사람들은 지극히 부러운 사람들이었다. 그때부터 동사무원이 나의 장래 직업란을 채우기 시작했다.

대학교수가 꿈이었던 기억도 없이 지금 공대 교수가 되어 있다. 세상은 마음먹은 대로 되지 않고 제멋대로 간다. 교수가 되기 힘든 직업이라고 하는데 확실한 꿈도 없이 살아온 내가 대학 훈장이 된 건 불가사의한 일이다.

학교 선생은 내가 원하던 게 아니라 내가 하지 못하는 일을 이것저것 피해 가다가 남은 마지막 길이었을까. 다른 사람과 잘 어울려서 지내는 변죽이 나에게는 없었다. 성공한 사업가는 다른 사람들 몫이라 치부했다. 회사에서도 할 수 있는 일이라곤 혼자 끙끙거리며 실험을 하는 게 전부인 반면 지금 회사 높은 자리에 있는 친구들은 여러 사람과 늘 활발하게 어울리고는 했다. 다른 대학 동기들이 졸업 후 병역 대신 정부 연구소에 가 있는 동안 나는 최전방 철책을 돌고 있었다. 언제 어떤 바람이 불어서 모두 가지 않으려던 군대를 가겠다고 덜컥 정했는지 분명치 않다. 군대 역시 고민한 기억이 없다. 마치 동사무원이 어느 순간부터 나의 장래 직업란을 채웠던 것처럼 어느 순간 손을 들고 군대를 자원해 갔는지도 모르겠다.

초등학교 시절 한 시간 내내 써서 보낸 위문편지에 며칠 뒤에 답장이 왔다. '국군장병 아저씨께'로 시작하는 판에 박힌 위문편지에 답장이 오는 '신기한 일'이 일어났다. 더구나 편지 속에는 잡지에서나 볼 수 있는 반짝이는 소위 계급장을 단 국군 아저씨의 근사한 사진이 있었다. 그 사진이 나를 전방으로 보냈던 건 아닐까. 아니면 확실한 목표 없이 흐르는 대로 지내던 당시 대학생활을 군대는 잡아줄까 하는 희망으로 군복을 입게 한 걸까. 하루하루 뚜렷한 목표로 살아야 한다는 교과서 속 이야기와 달리 나의 대학 시간은 시내버스에서 흔들리듯 이리저리 흔들리며 지나갔다.

처음 강의를 하려고 대학 출근 버스에 오르면서 맨 앞자리의 탁 트인 창문을 보며 좋아했던 기억이 바로 어제처럼 생생하다. 그런 내가 잔뜩 찌푸린 얼굴로 대학 버스 창문을 마주하고 앉아 있다. 마주 보던 건너편 시내버스 청년 얼굴이 점점 멀어진다.

성벽처럼 붙어 있던 시내버스가 멀어져 갔다. 다시 환해진 창가의 나는 비로소 몽상에서 깨어난다. 마주 보고 있던 시내버스에서 선망의 눈으로 나를 바라보던 그 청년은, 공릉동의 그 청년은, 지금은 어디에 가 있는 것인가. 대학 시절 그렇게 부러워하던 학교 버스의 넉넉한 의자에서 지금은 웃지 못하고 있는 내 모습에 새삼 부끄러워진다.

이제 버스는 학교 안으로 들어선다. 갑자기 배가 고파진다. 식욕이 살아난다. 내리는 버스에서 실로 오랜만에 운전사에게 잊었던 인사를 한다.

'덕분에 잘 왔습니다.'

자전거에서 떨어지지 않기

하루하루가 늘 즐거운 나날이라면 얼마나 좋을까. 하지만 어쩔 수 없이 침울해지는 날들이 있다. 그런 우울한 기분을 그나마 떨칠 수 있었던 건 매주 동료들과 하던 테니스 덕분이었다. 내리칠 때의 경쾌한 파열음과 손에 전달되는 튕기는 반동의 감촉이 짜릿하다. 낚시에 걸린 제법 묵직한 고기가 낚싯대를 통해 전해주는 퍼덕거림의 손맛과 비슷하다. 어쩌다 약한 팀을 만나거나 좋은 파트너를 만나서 트로피나 상품을 받아 가게 되면 집에서는 나를 대단한 선수로 착각한다. 하지만 내 테니스 수준은 실망스러웠다. 한번은 동료들과 먼 지방까지 가서 단체전을 치른 일이 있었다. 서울에서 세 시간, 그리고 한 여름 땡볕에서 다시 세 시간을 족히 기다렸다. 그리고 치른 시합에서 한 세트도 이기지 못하는 완패를 당하는데 채 삼십 분이 안 걸렸다. 내가 과연 운동신경이 있기는 하는 건가 하는 의구심이 들었다.

이런 의심은 어릴 때부터다. 초등학교 시절 운동회는 기다림과 두려움이 뒤섞인 중요한 연중행사다. 시작 며칠 전부터 매스 게임을 준비한다고 몇 시간씩 같은 동작을 반복할 때는 어서 지나갔으면 하는 지겨운 행사였다. 하지만 학교 운동장에 장사꾼들이 먹을 것을 준비하는 모습을 보면 구미가 당기는 날이기도 했다. 운동회에는 또한 온 집안 식구들이 김밥을 챙겨 나오는 가을소풍이기도 했다.

청팀 백팀 단체전은 그래도 안심한다. 잘못해도 누구인지 모르기 때문이다. 가장 괴로운 시간은 달리기다. 멀찍이 있던 관중들도 자기 자식들이 달리는 모습을 보려고 다가온다. 그 북새통에 운동장 주변은 달리는 길을 따라 사람들로 둥그런 벽이 자연스레 만들어진다. 여섯 명씩 줄을 서서 달리기 순서를 기다린다. 딱총소리와 함께 그물과 사다리가 중간중간 놓인 운동장 주위를 반 바퀴 정도 도는 장애물 경기다. 조금 조금씩 기다리던 줄이 앞으로 움직인다. 그에 따라 심장 뛰는 소리가 귀에까지 들려온다. 조금이라도 빨리 가보려고 가장 안쪽으로 슬며시 다가선다. 하지만 땅 하는 총소리에 화들짝 놀란 다리는 쉽게 움직이지 않는다. 안간힘으로 달려가 보지만 앞에 보이는 사람은 늘 다섯 명으로 내가 꼴찌다. 그 숫자는 초등학교 시절 내내 변함이 없었다. 첫 번째 장애물인 그물에 다다를 즈음 아이들은 이미 그물을 빠져나가고 있다. 급한 마음에 그물을 피해서 옆으로 뛰어가본다. 그래도 선두는 이미 저 앞의 사다리를 통과하고 있다. 먼저 도착한 세 명에게는 즉석에서 연필이 한 자루씩 주어진다. 자랑스레 연필을 가지고 식구들에게 달려가는 다른 친구의 모습이 부러웠던 기억이 어제처럼 생생하다. 그 시절 나에게 운동회는 늘 공포의 대상이었고 나는 운동과는 거리가 멀다는 생각이 일찌감치 자리를 잡고 있었다.

이런 내가 지금은 주위 사람들에게 만능 스포츠맨으로 알려져 있다. 내가 생각해도 신기한 일이다. 언제부터인가 달려가려고 하면 다리가 따라오는 것이 느껴졌다. 다리에 힘이 붙기 시작한 것이다. 유니폼에 축구화까지 신었던 대학 축제 때의 사진이 증거로 있는 것을 보면 나만의 상상이 아닌 사실임이 분명하다. 대학 시절, 군대 시절 그리고 사십 중반에 이르기까지 내 몸은 전성기를 누렸다. 운동이라면 조금씩은 다 할 수 있게 되었다. 그런 시절이 분에 넘치는 짧은 영광의 시간이었음을 알게 된 것은 시간이 제법 지난 다음이었다.

그날도 테니스를 연속 몇 게임하고 있는데 발바닥에 통증이 오기 시작했다. 별일 아니려니 하고 계속 게임을 했던 것이 이제는 걸을 때 바닥을 딛기가 힘든 지경이 되었다. 그러고 보니 연속되는 테니스 시합, 그리고 축구에 이어 걷기를 연속 삼 일이나 한 것이 일을 키운 것 같다. 쉬면 괜찮으려니 했지만 불안한 마음과 통증 때문에 정형외과를 가야만 했다. 그곳에서야 나는 나에게 스포츠맨으로서의 전성기를 안겨준 발, 그것도 발바닥의 생김새를 자세히 볼 수 있었다. 평발은 발바닥이 바닥에 철퍼덕 닿아 있는 모습이라면 까치발은 발바닥이 활처럼 휘어져 있다. 나는 심한 까치발 형태라는 것이 의사의 설명이었다. 까치발은 용수철처럼 탄력을 받기 때문에 잘 뛸 수 있었다는 것이다.

어릴 때도 발바닥은 잘 뛸 수 있는 까치발이었지만 부실한 다리 근육 덕분에 잘 뛰지 못했던 거다. 커가면서 근육이 붙어 달리기를 할 수 있었다. 하지만 그 다리가 이제는 고장이 나기 시작했다. 용수철도 자주 쓰면 늘어나서 탄력이 없어지는 이치와 같다는 것이 의사 설명이다. 잘 나가던 마라톤선수가 은퇴한 이유도 이런 발바닥 때문에 생긴 거란다. 아예 은퇴 비슷한 것을 종용하면서 완전히 고장 난 기계 취급한다. 까치발이 아닌 평발이었다면 아예 운동을 못 하는 축이려니 하고 포기했을 것이다. 그러면 오히려 통증 없이 오래 지낼 수 있을지도 몰랐다. 그러니 스포츠맨이라는 스스로의 환상이 오히려 부상을 키운 셈이 아니가 하는 후회로 한동안 운동을 금하고 지낼 수밖에 없었다.

발에 힘을 주지 않는 운동이 거의 없다는 것을 깨달은 것도 그때였다. 걷기, 달리기를 포함한 모든 운동이 발을, 그것도 발바닥을 사용해야 한다. 운동으로 답답한 마음을 털어버리지 못하고 있던 나는 발바닥을 땅에 딛지 않고 하는 운동을 반드시 찾아야만 했다. 먼저 떠오른 것은 수영이었다. 하지만 수영은 생각만 해도 금방 숨이 막힌다. 코끝을 자극하는 소독약 냄새도 그렇고 무엇보다 수영은 엄청난 인내를 요구하는 지루한 운동이다. 보이는 것이라고는 줄이 그어진 수영장 바닥뿐이다. 답답한 숨을 가누면서 오직 튼튼해지겠다는 일념으로 같은 장소를 몇 번이고 맴도는 일은 수영을 처음 배우는 때면 모를까 이제는 더 이상 하기가 쉽지 않다.

이제 남은 것이라고는 자전거 타기다. 수시로 변하는 풍경, 지나가는 바람 소리. 발에 무리가 가지 않는 가장 이상적인 운동이라고 할 수 있다. 하지만 나에게는 넘어야 할 두려움의 벽이 또 하나 있었다. 그것은 다름 아닌 자전거에서 떨어지던 무서움이었다. 내가 미쳐 자전거를 배우기 전, 나는 누군가의 자전거 앞자리에 걸터앉았다가 떨어지면서 핸들에 입을 부딪친 일이 있었다. 그리 큰 부상은 아니었지만 입에서 철철 흐르는 피는 자전거 공포심을 키우기에 충분했다. 사고는 한 번 더 있었다. 털털거리던 자갈길을 자전거 뒷자리에서 매달려가다가 떨어져 무릎을 으깬 이후론 자전거 하면 고개를 설레설레 흔들었다. 그런데 이제는 다른 선택의 길이 없었다. 자전거를 타야만 했다.

요즘 자전거는 기어까지 달려 있고 또한 가벼워서 짐 싣는 자전거와는 비교가 안 될 만큼 고급이다. 짐을 운반하거나 어디를 다니는 수단이 아닌 레저용, 스포츠용으로 자전거가 변신했다. 한참을 망설이다가 접는 자전거를 구입했다. 집 근처는 차들로 붐비니 아예 자전거를 싣고 한강변에서 달려보자는 생각이다. 짐차 자전거와는 비교가 안 될 만큼 잘 달린다. 또한 주위의 풍경이 계속 변하면서 지루하지가 않다. 하지만 속도가 빨라지면서 헬멧을 써야 했고 장갑을 껴야 했다. 또 벌레 때문에 보호용 안경도 써야 했다. 그러고 보니 TV에서나 자주 보던 사이클 선수 복장이 되어가고 있었다.

자전거를 좀 더 가볍고 고급스러운 것으로 바꾼 것은 같이 다니던 동료와 함께 근처 산을 다녀온 이후였다. 산이라고 해봐야 산보하는 수준의 뒷동산이지만 평지를 달리던 기분과는 비교가 안 될 만큼 짜릿한 기분이다. 오솔길을 달려 내려가면 나무를 스치는 소리가 들린다. 눈이 가득 덮인 소나무 숲 사이로 스키를 타고 내려올 때도 나무를 스치는 소리가 들렸다. 산속 오솔길 바닥의 울퉁불퉁한 흙 감촉이 그대로 자전거에, 다시 손에 떨림으로 전해진다. 예전에 테니스 라켓에 전해지던 탱탱한 반동이 이제는 자전거 핸들로 전해진다. 테니스의 즐거움이 자전거로 변한 셈이다.

하지만 자전거에서 떨어지는 두려움이 완전히 극복된 건 아니다. 소위 산악자전거를 타는 사람들 틈에 끼어야 하는가 많은 고민을 하게 되었다. 오솔길을 달려 내려오는 짜릿한 기분도 있지만 산악자전거는 경우에 따라서는 대단히 위험한 운동이다. 어릴 적 자전거 앞에 매달려 있다가 떨어지거나 뒷자리에서 땅바닥에 떨어지는 사고보다 더 심하게 다칠 수 있다. 아니 다치는 정도가 아니라 아마 다시는 자전거를 타지 못할지도 모른다. 이런 두려움을 넘어서야 할지 피해야 할지 망설여진다. 아니다, 이제는 넘어서는 것이 아니라 타협을 해야 하는 때다. 까치발 덕분에 즐거운 테니스였지만 과잉 사용으로 그만둔 일을 반복할 수는 없다. 이제 겨우 재미를 붙인 자전거에서 떨어져 아예 못 타는 일이 없으려면 말이다. 오솔길을 달려 내려오는 즐거움도 좋다. 하지만 이 즐거움이 두려움으로 변하기 시작하면, 자전거 타는 방식도 바뀌어야겠다. 꽃들이 피어 있는 동네 둑길에 소 몰고 가는 아이처럼 천천히 유유자적하리라.

행운목 살려 내기

행운목이 있다. 언제부터인지 모르지만 거실 한구석을 차지하고 있다. 나는 나무, 풀 등에 별로 관심이 없다. 있는 것조차 잊을 정도로 행운목은 지독히 푸대접을 받고 있다. 크기는 내 어깨 정도다. 회사 개업식이나 축하 자리에 단골로 배달되는 흔한 나무다. 언제 어떤 연유로 왔는지 모르지만 거실 그 자리에 그렇게 있다. 이 나무에 별로 관심이 없기는 식구들도 마찬가지다. 그럼에도 아직 남아 있는 이유는 이름 그대로 행운을 가져다줄 거라는 근거 없는 기대 때문이다. 기대는 신기하게도 들어맞는 듯하다. 집안에 행운을 기대할 일이 있을 때면 놀랍게도 그때에 맞춰 아이보리색 꽃을 피워낸다. 어쩌면 바라던 일이 잘 풀리고 나서 보니 행운목이 피어 있었는지도 모른다. 여하튼 잘 피지 않는다는 꽃을, 그것도 몇 송이나 피운 것이 두 번이나 된다. 행운목의 탐스러운 꽃을 보기는 그때가 처음이니 나로서는 흔치 않은 일이다. 그 이후 천덕꾸러기였던 나무가 이제는 집안에 행운을 가져다주는 나무로 관심을 받기 시작한다. 더불어 나도 가끔은 물을 주는 얕은 속내를 드러내 보이곤 한다.

그런 나무가 어느 날 잎이 축 늘어진 형태로 거실에 들어와 있다. 날이 따뜻해서 밖에 내놓았던 것을 깜박 잊은 까닭에 추위에 얼어버린 모양이다. 엉뚱하게 아내에게 무어라고 투덜대지만 속이 편치 않기는 나도 마찬가지다. 행운이 끊기는 건 아닌가 하는 불안한 마음도 앞선다. 행운의 꽃을 두 번씩이나 피워 주었는데 더 많은 관심을 가지기는커녕 밖에 내놓고 얼려 죽인 것 같기 때문이다. 할 일이 끝났다고 충실한 하인을 내쫓는 비정한 주인 같다. 속상한 마음으로 며칠을 바라보지만 잎이 살아나올 기미는 안 보인다. 축 처진 모습을 안 보는 게 차라리 나을 것 같아서 잎을 모조리 따 버리고 나무줄기만 남긴다. 혹시 살아 있을지 모르는 뿌리에서 잎이 다시 올라오기를 바라면서 물도 줘본다.

나는 식물과는 처음부터 인연이 없다. 누군가가 보내온 난이나 꽃은 얼마 가지 못하고 시들시들 죽어버려서 버리지 않으면 안 된다. 나의 이런 손재주 없음은 이미 주위에서도 잘 알고 있는 터다. 베란다 가득히 꽃을 피우고 있는 다른 친척들의 꽃나무를 보고 키워 볼 욕심에 처음에는 한두 그루 얻어가고는 했다. 하지만 잘 자라던 나무가 내 사무실에 오기만 하면 어인 일인지 시들시들해진다. 그것이 보기 싫어서 이제는 아예 재주 없음으로 알고 키우는 것을 포기한지 오래다.

나의 손재주 없음을 다시 확인해 준 것은 나무가 아닌 금붕어다. 나무를 잘 못 키우는 것은 어쩌면 변화가 없어 보이기 때문이라는 수족관 주인 말에 솔깃했다. 얼른 사무실 책상 앞에 금붕어 몇 마리가 들어 있는 어항을 가져다 놓는다. 하지만 웬만해서는 죽지 않는다는 금붕어도 내 사무실에는 한 달을 넘기지 못한다. 혹시 날이 추워질지 몰라 어항에 켜놓은 히터관이 잘못된 것이다. 다른 사람들은 우연히 그런 것뿐이라고 지레 안심을 시킨다. 하지만 관상용 식물이나 애완용 동물은 내 취미가 아니라고 아예 단정을 하게 만든다.

얼어 버린 잎을 쳐낸 벌거숭이 행운목을 햇볕이 드는 곳으로 옮기고 물을 주었다. 문득 이제는 나무를 제대로 키울 나이가 되었다는 생각이 든다. 옛날 선비들은 남자 나이에 따라서 취미가 변한다고 이야기한다. 십 대는 매를 쫓아다니고, 이십 대는 말을 타는 것이 취미가 된다 한다. 삼십 대에는 술을, 사십 대에는 여색이 취미 대상으로 된다 한다. 오십 대가 되면 난초 키우는 것을, 육십 대에는 돌을 바라보는 것이 취미가 되고 또 그리하는 것이 순리에 따름이라고 한다. 이것이 맞는다면 이제는 난초 키우는 마음으로 살아가는 게 옳을 터다.

다시 생각해 보면 내가 식물을 제대로 키우지 못함은 나의 손재주 탓이 아니다. 그건 나이가 들어도 아직 매를 쫓고 말을 타는 것 같은 급한 마음으로 살아가기 때문이다. 늘 마음이 급하고 세상일에 쫓기고 매달려 살아가면서는 말 없는 나무나 풀에 마음을 쓸 여유가 생기지 않는다. 하루 물 안 준다고 금방 죽는 모습으로 변하는 게 아닌 것이 나무다. 그렇다고 어쩌다 물 주었다고 금방 생기 있는 모습으로 변하는 것도 아닌 게 나무다. 무엇이든 금방 결과를 봐야 하는 급한 마음에 나무에 관심을 쏟을 여유는 없던 셈이다.

심리학에서는 이렇게 서두르면서 무엇인가를 해치우는 성격을 A 타입이라 한다. 나는 A 타입이다. 신호등 시간을 길게 느끼고 지하철 에스컬레이터는 언제나 걸어 올라가야만 한다. 그렇게 사는 것이 열심히 사는 것이고 또 시간을 아껴서 쓰는 것이라고 알고 살았다. 그리 잘못된 것도 아니고 또 나만 그리 사는 것도 아니라고 애써 변명도 해본다. 내 주위 대부분 사람들이 그리 살고 있는 것 같으니 말이다.

하지만 이제는 행운목에 꽃이 다시 피는 것을 보고 싶다. 행운을 바라서가 아니고 얼어서 잎을 잘려버린 나무에게 미안해서다. 비록 꽃까지는 아니더라도 예전의 녹색 잎을 보면서 물을 주고 싶다. 이번에 행운목이 살아나지 않는다면 다른 나무라도 키워야겠다. 그런 생각이 드는 이유는 바쁘게 살아가는 것이 이제는 힘에 부쳐서 일지도 모른다. 하지만 신기한 것은 요즘에는 꽃들의 변하는 모습이 눈에 조금씩 보이기 시작한다는 점이다. 옛날 선비가 말한 나이별 취미 변화에 대한 탁월한 식견에 감탄할 따름이다.

이제부터는 잘하면 꽃을 키울 수 있을지도 모른다. 아마 조금 더, 아주 조금 더 있으면 강가에 나가서 돌을 주워서 거실에 놓을지도 모른다. 그래도 다행인 것은 돌은 죽을 염려가 없어서 행운목과 같은 걱정은 없다. 다만 내가 돌과 무슨 이야기를 할 수 있을까 하는 걱정 반 기대 반이다.

3장

사람들이 반갑다

생각할수록

책장의 많은 책도 읽지 않으면 소용이 없듯이
내 안의 그리움도 꺼내보지 않으면 소용이 없습니다.
생각할수록 더 그리운 게 사랑이니까요.

티베트에서 만난 사람들

(1) 땅에 엎드린 사람들

비행기에서 바라본 티베트 땅은 짙은 황토색으로 나무라곤 별로 보이지 않는 척박한 모습이다. 산 중간중간 마을이 올망졸망 모여 있고 그 사이로 유채꽃밭이 노란색으로 알알이 박혀 있다. 인천 공항을 떠나 북경에서 하루, 그곳에서 티베트 여행에 필요한 서류를 받고 중간 기착지인 성도를 거쳐 티베트 수도인 라싸 외곽 공항에 도착한 것은 오후 4시경이다.

웃음을 머금고 반기는 사람은 K 교수다. 티베트 지역 약재를 찾는 공동 연구차 처음 이곳을 방문한 나를 반긴다. K 교수는 이곳 티베트 지역에 학교를 설립하고자 한다. 생명공학박사로 산업체에도 다녔고 목사이기도 하다. 지금은 연변대학과 카이스트를 오가며 선교 활동에 앞장선다.

티베트는 이곳에서는 서장자치구라고 불리며 서장은 중국이 1950

년 티베트를 강제점거하고 붙인 이름이다. 중국과 인도가 접하는 지역이며 중국 내 큰 자치구의 하나인 이곳은 평균 3,800m 고산 지역이다. 중국을 평평한 마루라 하면 마루 구석에 놓인 생일 케이크 모양이 이곳 티베트다. 케이크 주위는 에베레스트, 쿤룬산맥들이 둘러싸고 있다. 티베트 내부는 분지 형태이지만 작은 산들이 중간중간 있다. 공항에 내리는 순간부터 고소증세에 몸이 지레 겁을 먹은 모양인지 두통이 온다. 과연 이 고산 지역에서 한 달 머무르면서 원하는 식물 시료를 획득할 수 있을까 두려움이 앞선다.

이론상 고도가 높으면 자외선이 강해지고 이곳 식물들은 그에 대응하는 물질을 생산할 것이다. '항산화제'는 자외선을 포함한 각종 자극에 의해 생체 내에서 발생되는 '유해산소종(oxygen radical)'을 제거하여 세포 내 DNA나 물질들을 보호한다. 이번 연구 대상인 피부도 마찬가지 원리다. 강한 자외선이나 외부 자극에 대해 피부세포는 방어 차원에서 '멜라닌'이라는 갈색 색소를 만들지만 검은 피부와 반점, 기미 등을 형성시켜 미관 문제가 생긴다. 하지만 항산화제를 피부에 공급할 수 있다면 이 물질이 자외선을 대신 방어해 주고, 피부를 검게 변화시키는 멜라닌을 만들지 않게 한다. 만약 탁월한 효과가 있는 항산화제를 찾을 수 있다면 피부뿐만 아니라 노화 방지 전반에 좋은 원료가 될 거라는 희망으로 찾은 곳이 티베트다.

차로 한 시간 반을 강원도 산길처럼 달려오니 라싸 시내 입구다. 운전자는 이곳 티베트 출신으로 미국에서 석사를 하고 여기에 영어교육원을 차린 '롭상' 원장이다. 얼마 안 되는 티베트 인텔리의 한 명이다. 급변하는 티베트 환경에서 학교 건물을 짓느라 바쁘다. 영어교육원을 오르는 좁은 철제 계단에서 헛디딘 다리에 퍼렇게 멍이 들었다. 동행한 카이스트 J 교수도 같은 장소에서 같은 부상을 당하는 걸 보니 외부인이 공통으로 겪는 고소증의 시작인가 보다. 조금만 움직여도 머리가 띵하며 허공을 딛는 느낌이다.

경황없이 준비한 세미나와 저녁을 마치고 서둘러 여인숙 같은 호텔의 침대에 몸을 누인다. 침대 구석에는 병원 응급실에서나 볼 수 있는 호흡보조 장치가 있다. 'Life saver'란 이름마저 두통으로 이미 겁을 먹은 내 몸을 더욱 움츠리게 한다. 급한 마음에 버튼을 아무리 눌러도 작동이 안 된다. 손짓 발짓으로 종업원을 불러보니 5,000원 정도 하는 두 시간용 카드가 필요하단다. 하루 숙박이 만원이지만 '생명 보호 장치'라는 단어가 맘에 걸려 단추를 누르고 눈을 감는다. 하지만 바람만 불어 주는 선풍기라는 것을 알고 난 이후에는 앞으로 지낼 한 달이 더욱 걱정된다.

라싸 시내는 서울 시내를 연상케 한다. 북한산처럼 라싸 주위를 산이 둘러싸고 있고 한가운데 남산 같은 언덕에 높이 90m 포탈라궁이 서 있다. 이곳에 있던 티베트 국가의 왕궁인 셈이다. 광장에 서서 높이 솟은 왕궁을 바라보니 〈티베트에서의 7년〉이란 영화가 떠오른다. 이곳 궁전의 컴컴한 방에서 광장에 있는 사람들을 망원경으로 신기하게 바라보던 소년 달라이라마의 영특한 모습이 눈에 선하다. 외국인으로부터 받은 망원경과 자전거를 즐기던 호기심 많던 소년 달라이라마는 지금 티베트 망명 정부를 이끌고 히말라야 저편 인도 산기슭에서 이곳을 그리며 지내고 있다.

궁전 내부는 역대 왕인 달라이라마들의 초상과 동상들로 가득하다. 컴컴한 내부는 흔들리는 등잔불, 그 특유의 기름 냄새, 수도 없이 널린 행운 기원 화폐들로 침침하고 음산하고 스산하다. 티베트 불교의 심오한 가르침과 티베트 민족의 불운한 역사가 모두 컴컴한 포탈라궁에 스며 있는 듯하다. 그러나 이러한 침침한 궁전과 고소증 두통만으로는 설명하기 힘든 어떤 것이 포탈라궁을 내려오는 동안 나를 불편하게 만든다. 그 원인을 광장에서 찾는다.

포탈라궁전 광장 한가운데 생뚱맞게 높은 탑은 주위 경관과 전혀 어울리지 않는다. 중국 정부에서 세운 해방 기념탑이다. 만국기에 둘러싸여 중국 군인들이 서 있는 모습은 포탈라궁의 달라이라마가 이곳 티베트 왕임을 부정한다. 침략자인 중국 정부의 추한 모습이다. 포탈라궁을 중심으로 한 라싸는 지금은 서울 동대문시장에 버금갈 번잡한 상가로 변했다. 이주한 중국인들이 이곳 상점을 차지하고 있고 티베트인들은 수도 외곽 시골에 살거나 도시 하층민이다. 라싸 거리를 오가는 수많은 걸인들은 모두 티베트인이다.

포탈라궁과 마주 보는 조캉사원은 대표적인 불교사원으로 스님들이 직접 거주하는 곳이기도 하다. 중심가 시장과 더불어 늘 사람들로 붐비는 곳이지만 포탈라궁과 함께 불교 신자들의 주요 순례지이기도 하다. 티베트인 95%가 불교 신자인 이들의 평생소원은 불교 성지 순례로, 포탈라궁과 조캉사원은 늘 순례자로 둘러싸여 있다.

밤새 고소증으로 인한 두통으로 잠을 설치고 새벽 포탈라궁을 찾았다. 많은 수의 사람들이 어디론가 몰려가고 있었다. 궁금증을 못 이기고 따라간다. 노인들, 젊은 아낙네들 모두 남루한 옷차림이지만 무언가를 둥글둥글 돌리며 중얼거리며 간다. 손에는 기도용 기구와 입으론 불교 경전을 외며 그들은 수시로 궁이 보일 때마다 바닥에 엎드려 절을 한다. 새벽녘 축축한 길이건 흙바닥이건 엎드려 계속 절을 한다. 한 시간 남짓을 따라가다 보니 그들이 포탈라궁 주위를 돌고 있다는 것을 알 수 있다. 우리나라 탑돌이처럼 그들은 돌고 있었다. 맞은편 조캉사원도 절 주위를 돌고 있는 순례자들과 엎드려 절하는 사람들로 이른 아침부터 북적인다.

멀리 사원이 보이는 입구부터 이 순례자들은 오체투지로 땅을 기어 기도하면서 사원으로 향한다. 사원 근처는 많은 상점으로 둘러싸여 있다. 덕수궁이 현대식 건물에 쌓여 있듯 조캉사원은 많은 중국인들의 호화로운 상점들 한가운데에 서 있다. 그 가운데를 엎드려 절하며 나아가고 있는 티베트 순례자의 모습은 지극히 생경하다.

달라이라마는 그의 저서에서 행복을 수학 공식으로 표현한다. 행복지수는 현재 가진 것을 분자, 가지고 싶은 것으로 분모로 하여 나누면 된다. 분명 내 잣대로는 조캉사원 앞 땅에 엎드린 사람은 가진 것이 별로 없어 보인다. 원래 대대로 가지고 있던 집도, 땅도, 장사할 곳도 모두 중국인에게 빼앗겼다. 그나마 얼마 안 되는 금전마저 모두 털어서 가족과 함께 불교 성지를 순례한다.

하지만 이곳 티베트 사람들의 행복지수는 상당히 높다. 분자에 해당하는 가진 것이 적다고 계산한다면 그들이 행복하기 위해서는 가지고 싶은 것에 해당되는 분모가 극히 작아야 한다. 아니면 내 눈에 그들이 물질적으로 가진 것이 없어 보일 뿐 정신적으로는 많은 것을 소유하고 있는지도 모른다.

오후 K 교수와 함께 시내 약재상에서 필요한 약재원료를 구입한다. 아직 우기가 끝나지 않았는지 새벽에 들렀던 조캉사원 입구 바닥은 축축하다. 그 바닥에 엎드려 있는 순례자들 모습이 보인다. 아직도 고소증으로 허공을 딛는 기분이지만 그들의 엎드린 모습에 내 손에 들린 약재의 무게가 느껴진다. 나에게는 이 약재들이 행복지수를 계산하는 공식에서 분자 크기를 늘리는 것인가, 아니면 분모 크기를 늘리는 것인가. 미처 계산이 끝나기 전에 바닥에 엎드려 있는 순례자의 벗은 발을 보는 순간, 고소증의 아득함에 그만 잡고 있던 약재 봉지를 놓치고 만다.

조캉사원에 엎드린 순례자들

티베트에서 만난 사람들

(2) 배낭을 멘 사람들

이곳 티베트에 온 지도 벌써 일주일이 넘는다. 수도인 라싸에서 벗어나지 못하고 있는 것은 아직 가격에 맞는 차량을 물색하지 못한 까닭이다. 그사이 나의 머리를 짓누르던 고소증은 조금씩 없어져서 이제 계단을 올라도 숨이 덜 차다. 계단에서 고소증으로 쓰러지던 기억을 벌써 잊고 더 높은 5000m 외곽으로 나가려는 걸 보면 사람은 나쁜 기억은 어쨌든 잊어버리고 살게 되어 있나 보다.

방문 목적인 고산 지역 천연 약재는 수도 라싸에서 일부 구했다. 이제는 외곽 도시의 재래시장 순서다. 하지만 고소증 대신 감기 기운이 내 발목을 붙잡는다. 수도 라싸의 일급 호텔이라고 해봐야 더운물도 제대로 나오지 않는다. 여독을 쉽게 푸는 나만의 수단인 더운물 목욕을 시도했지만 누르스름하고 차가운 물 속에서 감기만 얻었다. 말이 통하지 않지만 용기를 내 불러온 지배인과 손짓 발짓을 했지만 물 한 번 만져보더니 "오케이, 베리 굿" 하고는 도로 나간다. 이곳까지 와서 더운물을 찾는 내가 비정상이지 라고 스스로 포기한다.

며칠간 찬 빗줄기가 내리는 이상 저온이다. 사원 앞 찬 대리석에 젖은 몸으로 바닥에 엎드려 참배하는 수많은 순례객에서 하루 종일 눈을 못 뗀다. 저들 앞에서 뜨거운 물 목욕을 바라고 있는 나에게 감기는 배부른 사치를 경고하는 일침이리라.

단돈 만 원밖에 하지 않는 호텔이지만 K 교수는 배낭족 전용 숙소로 옮기자 한다. 그곳이 편하다고 말은 그렇게 하지만 아무래도 비용을 아끼려는 눈치다. 그는 북경에서 이곳에 올 때 48시간 기차, 20시간 버스를 탔다. 비행기 가격이 우리 돈 8만 원으로 비싸기 때문이다. 중국 연변에서 주로 생활하는 그다. 이곳 티베트에서 장기간 여행을 하려 하는 K 교수 입장에서는 하루 만 원인 호텔은 극심한 사치이다. 아무 말 못 하고 옮겨간 숙소는 우리나라 뒷골목 여인숙을 연상케 한다. 대학 동아리 활동을 하면서 통금에 걸리면 동료들과 남은 소주를 마시고 토하고 다니던 여인숙이다. 한가운데 공동 수도가 있고 다닥다닥 붙은 조그만 방들이 수십 개 마주 보는 곳에 들어선다. 이곳은 오지 여행기에 자주 나오는 배낭족 숙소다. 그 방들에는 티베트를 여행하는 세계 배낭족들이 몰려 있고, 게시판에 인도로 가는 팀을 찾는 한글을 보니 한국 그룹도 있는 것 같다.

열어 놓은 방문 사이로 건너편 나이 든 인도 부부가 보인다. 그들을 보니 배낭여행은 젊은이만의 전유물은 아닌 것 같다. 나도 이런 식의 배낭여행을 늘 꿈꾸어 왔으니 저기 누워 있는 저 부부 모습이 내가 꿈꾸던 모습이리라.

같이 다니는 K 교수는 배낭여행 체질이다. 냄새가 배어 있는 침대, 늘 무언가 남아 있는 지저분한 공동 화장실, 시끄러운 바깥 소리, 여덟 개의 침대가 서로 붙어 있는 조그만 방에서도 그는 코를 골면서 잘도 잔다. 저 무심함이 나는 늘 부럽다. 거의 잠을 설치고 공동 수도가 보이는 마당 의자에서 새벽의 먼동을 본다. 늘 푸른 티베트 하늘 대신 우기 끝자락 하늘이 보인다. 그 한구석 산 능선에 걸린 구름은 지리산에서 본 반야봉의 비 온 후의 구름이다.

낮에 본 인도 부부 모습이 떠오른다. 티베트 수도 라싸에서 방문을 열어 두고 젖은 빨래를 말리던 부부는 왜 여행을 하는가 하는 의문이 새벽 찬 기운과 함께 찾아온다. 얼핏 들여다본 그 방에는 2개의 커다란 배낭과 작은 배낭 3개가 보인다. 때가 잔뜩 묻어 있는 것으로 보아 하루 이틀이 아닌 일 년 내내 다니고 있는 것 같다. 저 부부 집은 어떻게 했나, 아이들은 없나, 직장은 그만두었나, 여행 비용은 어떻게 마련했을까, 저 고생을 하면서 여행을 하는 것은 역사 공부를 하려고 하는 것일까, 더 다니고 싶은가 등등 많은 질문이 입을 맴돈다. 같이 이야기를 해 보고 싶지만 남의 방에 불쑥 들어가기가 부자연스럽다. 처음 보는 사람과 이야기를 쉽게 하는 것도 배낭족의 공통 특성인 걸 보면 나는 배낭족은 되지 못할 성싶다.

나를 포함한 많은 사람이 여행기에 나오는 낭만적인 단어들, 즉 배낭, 별빛, 우연, 들판, 버스, 이런 단어들이 주는 환상과 기대감에 배낭여행을 꿈꾼다. 그리고 그렇게 해야만 여행다운 여행을 하는 것처럼 여행기는 낭만으로 도배된다. 티베트란 곳도 많은 여행객들이 낭만이 철철 흐르는 후기를 남겨 놓는다. 푸른 하늘, 높은 사원, 신비한 수도승, 미소 짓는 아이들, 짙은 새벽안개가 티베트를 이야기한다. 여행기 속의 새벽은 열어젖힌 발코니에서 두꺼운 담요를 걸치고 한 손에 커피잔을, 또 한 손에는 연인의 손을 잡고 동이 트는 모습을 바라보는 낭만으로 늘 과대포장 되어 있다.

누군가 '낭만에 초쳐 먹는 소리'라는 말을 했다. 지금까지 티베트 여행은 낭만에 초쳐 먹는 소리 연속이다. 밤늦게까지 뒤척이다 겨우 잠든 나를 깨우는 건 새벽의 시끄러움이다. 매일 새벽 계속되는 바깥 소음 주인공은 경운기다. 새벽시장에 나서는 경운기는 트럭을 대신하여 시골길 아닌 라싸 수도 한복판을 가로지른다. 우리나라 시골길 경운기는 그래도 운치가 있다. 라싸의 새벽을 질주하는 여러 대의 경운기는 얇은 유리창을 덜덜 흔들고 새벽공기를 칼칼한 매연으로 가득 채운다. 며칠 동안의 불면과 찬물에서 얻은 감기로 나는 소금절인 배추처럼 처져 있었다.

이렇게 초쳐 먹은 낭만여행은 또 있었다. 밤바다가 환상적이라는 주위 이야기에 텐트를 가지고 간 곳은 안면도 바닷가다. 칠흑 같은 어둠 덕에 파도치는 밤바다는 어디에도 보이지 않는다. 환히 밝힌 랜턴으로 날아드는 나방들, 촘촘히 늘어선 텐트 속의 술 취한 유행가들. 화장실의 넘치는 오물과 악취로 날밤을 새운다. 이런 초쳐 먹는 낭만을 즐기지 못하는 나는 배낭여행과는 거리가 먼가 보다.

그런데 저 인도 부부는 아침 얼굴이 늘 평화롭다. 별로 일을 하는 것 같지도 않고, 우리처럼 차량을 수배하려고 동분서주하지도 않는 것 같다. 아니 아예 갈 곳을 정해 놓은 것 같지도 않다. 이곳 근처 시장에 가면 한 끼 식사가 우리 돈 삼백 원이다. 방이 하루에 천백 원이니까 부부가 한 달을 지내는 데 단돈 십만 원이 안 든다. 아무 데도 안 가고 그냥 근처 사원을 매일 산보 삼아 다녀오고 저녁이면 시장에서 한 그릇 식사로 해결하고 저녁에는 누워서 책을 본다. 그 지역 역사, 문화를 알아야 하고 무언가를 남기는 생산적 여행이 내가 해왔던 여행이다. 유럽여행 때도 가이드의 말을 여행 내내 메모하던 나의 모습과 저 인도 부부는 많이 달라 보였다.

외곽으로 이동하는 차량을 주선하는 사람들이 방에 들어섰다. K 교수와 중국어로 대화하느라 좁은 방 안은 더욱 정신이 없다. 어디 어디 약초시장을 들르고, 그 와중에 어디 유적지를 보고, 열심히 조사해 이 지역의 역사를 공부하고, 계획을 짜면서 여행 준비하느라 나는 정신이 없다. 하지만 옆방 인도 부부 방은 여전히 조용하다. 벌써 한 달째 이곳에 머물고 있다고 한다. 나 같으면 이삼일이면 볼 것은 다 보았다고 떠날 곳인데 아직 갈 곳을 못 정했나 하는 걱정 아닌 걱정이 든다. 조그만 차량에 온갖 짐을 싣고 북적거리는 거리를 빠져나온 것은 해가 산 능선을 훌쩍 넘어선 오후였다. 좁은 길과 사람들을 빠져나와 산을 오르고 고개를 지나니 돌연 황량한 벌판에 들어선다.

울창한 산림도 아니고 나무도 거의 없이 벌건 황토가 뒤덮여 있다. 얼마 전 내린 비로 군데군데 깊은 골이 패여 있는 자갈 산이 차창에 가득하다. 들리는 것도, 변하는 것도 없는 메마르고 거친 들판 모습이 그날 오후 내내 몇 시간이고 계속된다. 늦게 출발한 덕에 계획된 곳에 들르지 못하고 밤늦게 여관에 도착했다. 전기 공급이 안 되어 촛불을 켠다. 가까운 외양간 소똥 냄새가 물씬 나는 시골 여관이다. 오늘 하루는 아무것도 한 일이 없다. 목적했던 약초도 못 얻었고 유적지 공부도 못 했고 그냥 창으로 흐르는 황량한 산야만 하염없이 쳐다보았다.

아무것도 한 것이 없다는 허탈감에 젖을 줄 알았는데 마음이 편하다. 그냥 지나가는 산만 하루 종일 보았는데 일 년이 지나도 그 산의 모습이 눈에 선하다. 물 패인 골의 자갈 모양까지 아직 기억이 난다. 갑자기 인도 부부가 생각이 난다.

'왜 좀 더 많은 것을 하려 하지 않나요? 빨리 이곳을 보고 다른 곳에서 더 많은 것을 보면 좋지 않습니까. 나는 이곳에서 빨리 약재를 구하고, 유적지도 보고 또 내일은 더 많은 계획이 있는데요.' 내 물음에 부부의 반문이 들려오는 듯하다. '왜 그래야 하나요?'

나는 답이 궁해진다. '그러면 더 많이 알고 더 많은 결과를 내고 더 많은 연구비를 얻을 수 있고, 다음에는 더 많은 예산을 들여 여기를 탐사하고 그러면 더 좋지 않을까요?'

별로 말이 없던 부부는 미소로 답한다.

'우리는 지금 너무 좋습니다.'

아주 매운맛은 사람을 중독시켜 다시는 안 먹겠다던 그 매운 음식을 다시 찾게 한다고 한다. 일 년이 지난 지금, 여행을 다시 간다면 좁고 지저분한 그 숙소가 있는 그곳으로 다시 가고 싶다. 낭만에 초쳐 먹는 소리의 그곳은 나에게는 매운 음식과 같나 보다. 예전 같으면 오랜 시간 준비하고 무얼 해야 할지 잔뜩 맘을 도사리며 떠났던 나는 이제 아무런 준비 없이 그냥 차창에 흐르는 산을 바라보며 여행을 떠난다.

나는 어쩌면 더 많은 것을 찾기에는 지쳐 있거나, 아니면 천성적으로 역마살이 낀 배낭족인지도 모르겠다.

티베트 라싸 배낭족 숙소. 외지로 나가는 렌트 차량들이 보인다

티베트에서 만난 사람들

(3) 운전사 장 씨

우리가 장 씨를 만난 것은 숙소에서 나흘이나 기다린 후다. 우리라 함은 티베트에서 연구 샘플을 모으려는 나와 중국 연변에서 온 K 박사, 그리고 K의 제자로 통역을 하려는 L이다. 우리 일정은 티베트 수도인 라싸에서 일부 약재 샘플을 얻고 나머지는 수도를 떠나 외곽 지방 도시로 다니면서 구하는 것이다.

쉽게 자동차와 운전기사를 구하리라고 생각했다. 하지만 터무니없이 비싸게 부르는 몇 팀을 제외하고 나니 이제는 정말 갈 수 있을까 할 만큼 이곳에는 차량이 적다. 비좁은 숙소에서 나흘을 기다린 후에 겨우 떠날 수 있다는 연락을 받는다. 다행이다. 어서 빨리 다녀와서 여행을 마무리 짓고 싶을 만큼 이곳 고소증은 내 머리를 어지럽게 하고 있다. 불편한 잠자리와 입에 맞지 않는 식사로 내 몸은 이미 소금 절인 배추가 되어 있다. 차량을 구했다는 소리는 태풍에 갇힌 섬에서 배가 뜰 수 있다는 소식과도 같다.

아침 일찍 도착한 장 씨는 허름한 잠바 차림으로 차량에서 내려 인사를 한다. 오십 대 초반으로 보이는 그는 별 표정이 없다. 입고 있는 잠바만큼이나 낡은 차량은 이십 년이 지난 일제 토요타 지프다. 아직 굴러가고 있는 것이 신기할 만큼 차는 오래되어서 녹슨 곳곳이 떨어져 나갔다. 그나마 창문이 모두 있는 것이 다행이다.

장 씨는 티베트 원주민이다. 수도에는 장 씨 같은 티베트 원주민들이 많이 있다. 하지만 그보다 더 많은 중국 한족이 중국 각지에서 몰려와 살고 있다. 열 명 중 다섯은 외지에서 몰려온 본토 중국 한족이다. 중앙정부가 이곳 변방 티베트를 중국화하려는 속셈으로 티베트 침공 이후 계속 사람을 이주시킨 결과다. 티베트는 중국 서쪽 끝 고산지대로 지금은 중국 자치주로 편입되었다. 그전에는 독립 국가로 있다가 중국에 무력으로 점령된다. 그때 왕인 달라이라마는 지금 히말라야 넘어 근접한 인도에서 망명정부를 꾸리고 있다.

장 씨 집은 수도 라싸 중심에 있는 시장 근방이다. 라싸에서 티베트인은 주로 시장을 중심으로 살고 있다. 조그맣고 다닥다닥 붙어 있는 집들 중심에는 아주 오래된 '조캉'사원이 있다. 이들은 모두 언덕 위 포탈라궁을 바라보고 있다. 이들의 하루 시작은 사원 앞에서 엎드려 절하거나 사원 주위를 탑돌이처럼 도는 일이다. 그 일이 끝나면 이번에는 좀 더 큰 규모인 포탈라궁을 돌면서 중간중간 맨바닥에 엎드려 절을 한다.

사원 앞 큰길을 건너면 갑자기 번화한 거리로 들어선다. 화려한 여인이 등장하는 휴대폰 광고 간판이 보이고 곳곳에 화장품, 가전제품 상가가 보인다. 규모가 백화점 수준인 곳도 있다. 큰 규모로 잘 차려진 슈퍼마켓들도 이곳에 있고 숙박시설들도 몰려 있다. 소위 신시가지인 셈이다. 관광객들이 주로 몰려다니는 곳도 이곳이다. 이곳 주인들은 대부분 외지에서 온 사람들이다. 몇십 년 전부터 이곳에서 터를 잡고 돈줄을 모두 쥐고 있다. 우리가 식사를 하고 있는 사이에 많은 걸인들이 이곳 식당가를 얼쩡거린다. 하나같이 남루한 옷차림으로 등에는 아이들을 업고 있다. 대부분 티베트인이다. 식당 주인에게 매몰차게 내몰리며 외지인인 우리에게 몰려온다.

장 씨는 이곳 티베트에 관광객이 오기 시작한 이후 지프 차량으로 티베트 전역을 돌아다니고 있다. 티베트에 제대로 된 정기버스가 거의 없고 도로도 되어 있지 않은 곳이 많아서 이런 지프가 아니면 안 된다고 한다. 이런 말을 하는 장 씨는 다른 운전사처럼 본인 차가 힘이 좋다느니 자기가 몇 년 운전 베테랑이니 하는 소리를 안 한다. 목이 기다란 학처럼 굽은 허리로 말없이 운전대를 잡고 있다.

이렇게 차를 모는 돈벌이는 처음에는 잘 되었지만 지금은 별로라고 한다. 관광객이 많아지면서 장 씨 같은 티베트 토박이들의 낡은 차는 점점 외면당하게 되었다는 것이다. 하긴 우리가 금전적으로 조금만 여유가 있었다면 이런 차에 몸을 맡기고 삼사천 미터가 넘는 고개를 넘고 싶지는 않았을 것이다. 이런 차량 영업도 외지에서 온 젊은 중국인들이 신형 지프로 다니는 통에 관광객들이 그쪽으로 많이 간다는 것이다.

메마른 그의 얼굴에 화색이 돌면서 이야기를 시작한 것은 그가 아들 이야기를 할 때였다. 이제 중학교를 막 졸업했다고 하면서 수첩에서 아들 사진을 꺼내 보인다. 돈이라고는 있을 것 같지 않은 낡은 수첩에서 사진을 공들여 꺼내는 그의 얼굴은 너무도 자랑스럽고 밝다. 까까머리 중학생 소년이 거기 있다. 집에서는 티베트어를 쓰고 학교에서는 중국어를 쓴다고 하니 일제 강점기 때 우리와 같은 모습이다. 학교에서 제법 공부도 잘한다는 칭찬도 빼놓지를 않는다. 아들이 무엇이 되었으면 좋겠냐는 우리 질문에 망설임 없이 대답한 것은 중국 관리다.

이곳에서 중국 관리 힘은 대단하다. 변방이기도 하지만 이십여만 군대가 주둔해 있고 모든 관청이 다 내려와 있으니 말로만 티베트 자치주이지 모든 것은 중국 관리에 의해서 결정되고 움직인다. 우리 일제 강점기 시골 마을에서 주재소 순경 힘이 얼마나 컸었는가 생각하면 중국 관리란 여기에선 권력과 돈의 상징이다. 하지만 아무리 막강한 힘을 가진 중국 공무원이 선망의 대상이지만 중국 관리가 꿈이라니 얼핏 이해가 되지 않는다. 불과 50년 전에 이곳 티베트인 백만 명을 죽이고 사원 수천 곳을 태운 중국인들에 대한 적개심은 이미 오래전에 사라진 것인가.

이러한 질문이 차마 목을 넘지는 못한다. 꾸부정한 그의 뒷모습, 그리고 낡을 대로 낡은 그의 잠바 깃을 보면서 차마 그 질문을 할 수는 없다. 라싸와 북경을 잇는 내륙철도가 개통된다고 한다. 험하고 험한 고갯길로 밤새 관광객을 실어 나르던 지프 대신에 이제는 매일 수백 명을 기차가 실어 나를 것이다. 새로 만들어지는 기찻길을 바라보던 장 씨 얼굴이 수심으로 가득하다. 이제 철로로 중국인들이 몰려올 거라고 걱정하던 장 씨는 지금도 그 고물 지프를 몰고 있을까. 그 아들은 중국 관리가 되었을까.

다시 라싸를 방문하기가 두렵다.

20년 된 토요타 지프 앞에서 티베트 운전사 장 씨와 함께

태국의 여름, 한국의 겨울

1월의 인천 공항은 북적거린다. 무엇을 하러 간다기보다 어디론가 떠난다는 자체가 여행이라는 듯 많은 사람들이 바삐 움직인다. 어수선한 공항을 나 혼자 도망치듯 빠져나간다. 새해 벽두부터 생명공학 분야는 줄기세포 사건으로 몸살을 앓고 있다.

가짜 논문을 작성했다는 황 교수 모습은 착실히 앉아서 연구하기보다는 외부로 나돌아다니는 많은 연구자들이 빠질 수 있는 함정이다. 새삼 나를 돌아본다. 내가 저런 상태에 있다면 일부러는 아니겠지만 저렇게 되지 않으리라고 장담할 수 없다. 그저께도 그런 경우다. 대학원생에게 몇 년 전 발표한 논문에 사용했던 균을 찾으라 하니 어디에 두었는지 모르겠다고 한다. 아마도 몇 사람 손을 거치고 옮기면서 죽었는지 분실되었는지 분명치가 않다는 거다. 몇 명이 아닌 수십 명 연구원을 두고 있는 황 교수 같은 경우라면 심지어 누가 무슨 일을 하고 있는지도 모를 수 있다. 복잡한 생각에 나는 붐비는 공항 로비

한가운데에서 뒷덜미를 만져본다. 뒷목이 뻣뻣해진 지 오래다. 몇 주째 떨어지지 않는 감기가 계절 탓이 아니고 잘 풀리지 않는 연구 때문인지도 모르겠다. 너무 일에 몰려 있나 보다.

공항에서 만난 Y 교수는 복장 선택에 상당히 신경을 쓴 모습이다. 겉은 양복, 안은 쉽게 벗을 수 있는 덧옷을 입었다. 서울은 영하 10도, 도착할 방콕은 영상 30도니 두 계절에 맞는 옷이 필요하다. 게다가 학회모임도 참석해야 하는 복잡한 상황에 아주 적절한 옷차림이다. 생각 없이 두꺼운 잠바를 입고 양복은 여행 가방에 고이 넣어 짐을 키운 나와 달리 조그만 짐 가방을 단출히 들고나온 Y이다. 비단 이런 복잡한 여행이 아니라 해도 나는 짐 싸는 요령이 없다.

고등학교 시절, 하숙방 이삿짐은 크게 두 가지로 나뉘어 꾸려진다. 라면 상자에 차곡차곡 챙길 수 있는 책은 쉬운 편이다. 문제는 이불이다. 커다란 보자기로 꼭꼭 눌러야 보따리 크기를 줄일 수 있다. 내가 보따리를 싸면 개어 놓은 이불보다 더 큰 형태의 보따리가 만들어지곤 한다.

문제는 좁은 시내버스 문이다. 차장 아가씨에게 면박을 당하거나 아예 타지 못한 경우에는 왜 그리 야박하던지 두고두고 생각이 나곤 한다. 너는 손재주가 워낙 없어서 그나마 선생질을 하고 있는 게 다행이라고 어머니는 늘 말씀하셨다. 아내도 그 점만은 군소리 없이 인정해준다. 덕분에 집안의 자질구레한 손질과 무얼 만드는 의무에서 벗어나는 이로움도 누리고 있다. 이번 여행도 나는 짐 싸는 것으로부터 해방 아닌 제외를 당하고 이것저것 아내의 손을 거쳐 챙겨왔다. 복잡한 검사대를 통과하면서 혹한의 서울을 홀로 빠져나가는 미안함에 아내가 챙겨준 가방을 다시 한번 만져본다.

태국의 여름

태국 방문은 이번이 두 번째다. 첫 번째는 20여 명이 2박 3일 푸껫 지역에 참가했다. 푸껫은 태국의 대표적인 관광지다. 처음 그곳에 내렸을 때 많은 한국인 관광객에 놀라고, 무대(알카자쇼)에 나온 여장남자들 모습에 놀랐다. 푸껫 피지섬에서 훈련도 없이 한 시간 만에 다녀온 바닷속 물고기 모습은 초보 잠수의 무모함에도 여전히 살아 움직인다. 하지만 기내에서 펼쳐 든 태국 여행 가이드북 속 피지섬 모습은 얼마 전 쓰나미 사건을 떠오르게 한다. 피지섬에 가려고 기다리고 있던 그 부두, 그리고 관광객을 실어 나르던 바로 그 배에 실려오던 TV 속 수많은 시신의 모습이 머리에 가득하다. 참사를 잊고 관광객은 다시 오지만 아들 부부(신혼)의 망가진 가방과 소지품을 보고 오열하는 한국 부모에게 태국은 지옥 같은 악몽이다.

'쿵' 하고 비행기 바퀴가 활주로에 닿는다. 벌써 방콕 돈무앙 국제공항으로 5시간 비행이다. 문을 밀치고 나오는 순간 '턱' 하고 숨이 막히는 여름밤 열기, 여기는 겨울이 아니다. 서울에서 영하 10도 강추위에 시달리다가 찜질방에 들어온 것 같은 기분이 과히 나쁘지는 않다. 찬 겨울바람을 얼굴에 맞을 때의 그 시원함을 즐기던 내가 벌써 추위를 피해 다닌다.

자정이 훨씬 넘어서야 도착한 호텔은 로비가 으리으리하다. 단체여행객이 많이 오는 대형 호텔이다. 단체여행을 꺼리는 이유는 굴비처럼 꿰어져 자유로이 벗어나기 힘들고 수시로 들리는 쇼핑 때문이다. 반면 호화로운 호텔은 단체여행을 또 선택하게 만든다. 배낭여행에서는 숙소가 만만치 않다. 전문 배낭족 숙소는 저렴하지만 나같이 잠귀가 밝은 사람은 며칠을 견디지 못하고 밀려 나오기 일쑤다.

태국 사람들

태국 대학은 특이하다. 이번 학회 발표자의 구성부터 한국과 다르다. 태국 참석자의 70%, 발표자의 반 이상이 여성이다. 한국 측 참가자 15명 모두 남성인 것에 비하면 태국 내의 여성 파워는 대단하다. 공대 교수도 여성이 한국에 비해 상당히 많다. 직장의 반 이상은 여성이고 여성 고위공무원도 많다. 금방 의문이 든다. '그럼 밥은 누가 하나요?' 내 질문에 태국 여자 교수가 의아해한다. 한국 남자의 구태를 여기서도 못 벗는 우문이다. 디젤 엔진이 전공이라는 그 여교수는 대부분 밥을 사 먹는다 한다. 그래서 밤거리에 그렇게 많은 국숫집이 성업인지 모른다.

국내 대학생 중 여학생의 취업이 상대적으로 어려운 이유 중 하나는 육아 부담이다. 고급 여성 인력이 집에서 요리와 아이 돌보기에 모든 시간을 보낸다는 것은 그들의 뛰어난 능력, 경력으로 볼 때 아쉬운 일이다.

태국과 한국은 똑같이 남성 위주의 사회로 시작했지만 지금처럼 여성의 사회 진출에서 이런 차이를 보이는 것은 전쟁 때문이라 한다. 태국은 수십 년 전쟁으로 남자들이 귀해졌고 그래서 귀한 존재로 집에서 모셔졌다. 반면 여자는 나가서 일을 해야 했다. 덕분에 직장에서 차지하는 비율, 영향력이 점점 커졌다. 한국과 일본 남자들이, 물론 나 같은 7080의 일부이겠지만, 권위적이고 가부장적인 것에 비하면 이곳 남자들은 왜소하고 집에서 발언권도 약하다. 이곳에서 12년을 살았다는 가이드는 점점 그렇게 변하는 자신을 보고 이제는 포기했다고 한다. 태국 사람들이 그렇게 사니 이제는 당연한 것으로 여기고 산다 한다.

동남아 지역 남자들처럼 태국 남자들도 느리다. 하지만 킥복싱을 보면 겉은 느리지만 속은 불같은 성질을 숨기고 산다. 필리핀 교민들은 현지 골프장에서 남자 캐디에게 특히 조심한다고 한다. 한국 사람들이 돈 좀 있다고 그들을 모욕할 경우, 그 자리에서 총에 맞는 경우가 있다. 태국 가이드는 이곳 방콕에서도 주의하라고 한다. 자동차를 몰고 가다가 접촉 사고라도 나면 시비하지 말란다. 언제 그들이 권총으로 그들의 불만을 쏘아낼지 모른다. 늘 조용하면서도, 포기하고 사는 듯한 왜소한 저들의 몸속에 쌓인 불만과 노여움이 태국에서는 킥복싱으로, 베트남에서는 월남전으로 표출되었는지도 모르겠다.

태국 남성들의 이야기를 듣고 나니 어서 집으로 돌아가고 싶다. 아내가 정성스레 차린 저녁과 그 한가운데 가족에 둘러싸여 있는 나는 왕이 아닐까 하는 생각에 미소 짓는다. 옆자리 태국 여자 교수가 무어라 묻는다. 이곳 음식이 입에 맞지 않냐고.

태국의 뜨거운 열기가 나를 왕으로 착각하게 했는지 아니면 한국 남자의 구태를 못 벗었는지는 모른다. 하지만 이제는 눈이 쌓여 있는 겨울의 한국으로 돌아가야겠다.

내장사와 대원군

아침부터 비가 부슬거린다. 여름 먼 길을 떠나는 사람에게는 오히려 좋은 날씨다. 삼십 도를 넘나들던 날씨가 덕분에 시원해졌다. 지금처럼 톡톡거리는 빗소리를 우산 속에서 듣노라면 마음마저 차분해진다. 역마살이다.

역마살을 가라앉히느라 한 달에 한 번 지인들과 산길을 걷는다. 가파른 등산길보다는 산책하는 숲길이 좋다. 오늘은 내장산이다.

서울을 떠나 경부, 논산, 호남 고속도로에 들어서서 내장산에 가까워지면 태인, 정읍 팻말이 나온다. 이곳 정읍은 동학혁명의 시작이자 끝이다. '사람이 곧 하늘이다'라는 인내천(人乃天) 세 글자로 사람 그 자체를 우선시했던 동학은 그 당시 평민에게는 가장 맘에 드는 종교가 아니었을까. 양반과 상민의 철저한 신분제도가 깨져 나가는 데에 동학은 큰 역할을 했다.

정읍시는 조용하다. 아니 지방 도시는 언제나 조용하다. 고속도로를 나오자마자 인적 드문 사거리에서 차는 잠시 방향을 잃는다. 전봉준 생가와 동학혁명관, 두 개의 팻말이 각기 반대 방향이다. 생가는 가보았자 집 한 채 덜렁 있기 십상이다. 그래도 그곳을 향하는 이유는 처음 시작된 발원지를 보고 싶어서다. 구한말 태어나 마흔한 살의 짧은 생을 보낸 그의 시작점이 생가다. 비석 하나가 생가임을 알린다.

서당 훈장인 전봉준은 몰락한 양반 출신이다. 조선 말기의 조정은 기우는 배다. 벼슬 사고팔기가 극심했고 그 피해는 하층 농민들에게 고스란히 돌아간다. 돈을 뜯기는 곳은 언제나 농민이다. 생가가 별거 없음에 툴툴거리는 일행들에게 생가가 역사의 진짜 알맹이라고 추켜세운 후 동학기념관으로 향한다. 구부정한 할머니들이 관광버스에서 내려 기념관 입구 의자를 차지한다. 기념관이 동네 노인정이다.

이곳 기념관은 생가와 비교하면 커다란 궁궐이다. 이층 계단에 당시 정황을 설명하는 자료들이 영상과 함께 전시되어 있다. 지방 박물관치곤 많은 자료들이 전문 박물관 이상이다. 사진 한 점이 나를 잡는다. 넝마를 걸쳤다. 어깨에는 얼기설기 나뭇단을 지고 있다. 돌아보는 눈에는 핏발이 서 있다. 섬뜩하다. 그나마 부쳐 먹을 땅이 있다면 최상의 농사꾼이다. 많은 땅이 일부 양반에 집중되어 있었다는 사실을 전시된 자료는 보여주고 있다. 빌린 논으로 일 년 농사를 지어보지만 이것저것 뜯기고 춘궁기에는 곡식을 빌려야 한다. 복도 벽 흑백사진들은 최하층 농민의 어려운 삶을 절절히 보여준다. 봉두난발의 전봉준 사진과 거적 옷의 농부 사진은 같은 이야기를 하고 있다. 전봉준이 농민이고 농민이 동학군이라 외친다.

기울어가는 배는 임금 혼자로는 역부족이다. 그러나 당시 농민들에게 임금은 부모이고 하늘이다. 동학란 이전 민란 당시에도 서울까지 시위하며 올라온 농민들에게 '돌아가 있으면 내가 잘 처리 하마'라는 말 한마디로 순순히 돌아서던 그 순박한 농민들이다. 이들에게 작대기를, 죽창을 쥐게 만든 사람은 관리들, 그중에서도 서울에서 내려온 버슬아치들이다. 임금을 허수아비로 만들어 세워놓고 조정의 중요 자리에 줄줄이 포진한 안동 김씨를 비롯한 실세들이 문제다. 그건 지금도 같다. 역사는 돌고 돈다.

정읍 시내는 그리 크지 않다. 전주가 가까운 이유도 있지만 내장산에 오는 관광객들이 들러 가는 곳인지 뜨내기손님들이 많다. 점심 식사 골목이 예전 관청 자리다. 여기가 동학란 당시 읍내다. 동학교도를 중심으로 10만 가까이 모였던 이들의 출발점에 앉아서 우리는 점심을 먹는다. 저 골목 어귀에서 괭이와 지게 작대기를 들고 몰려오는 농민들 모습이 보인다. 굶어 죽으나 맞아 죽으나 마찬가지인 그들의 핏발선 눈, 녹두장군 전봉준의 형형한 눈이 어른거린다.

썩어버린 조정을 생각하면 농민 봉기는 예견되었다. 하지만 처음의 산발적인 봉기가 전주성을 공격하는 10만 대군이 되는 과정을 보면 일이 커지기 전에 잘 수습하라는 말이 진리다. 역사는 후손에게 늘

한 수 가르친다. 조병갑 같은 못된 군수를 신속히 해임해서 민심을 가라앉혔지만 뒤이어 파견된 조사관은 다시 농민들을 투옥, 고문하여 불씨를 키운다. 같은 일이 지금도 반복된다. 무슨 이유에서 항의하는지, 왜 그런지 등을 잘 알아서 해결해야 될 사항을 힘으로 눌러버려 망친다. 단순한 진리를 나는 종종 잊는다.

내장산 길은 온통 단풍나무다. 지금이 여름이라 짙푸른 녹색이지만 가을이면 단풍으로 불타오른다. 가을이면 단풍잎보다 더 많은 사람들이 몰려온다지만 나는 아직 가을 내장산을 못 보았다. 지금 여름 모습에서도 가을의 불붙는 나무들이 보인다. 불붙은 산은 좋지만 밀려오는 사람들은 피하고 싶다.

한여름의 내장산은 한산하다. 주말임에도 불구하고 한두 가족만이 금선계곡에 여유롭게 발을 담그고 있다. 우리 멤버들은 등산에는 별로 관심이 없다. 오로지 같이 다니는 그 자체가 중요하고 한 잔 술이 중요하다. 그래서 등산 코스를 제안하는 나는 늘 조심스럽다. 평탄하면서도 산의 기운을 느끼고 싶다는 멤버들의 어려운 주문을 소화할 방법은 하나다. 정상까지 케이블카로 그 이후로 평탄한 능선 길을 걷는 방법이다.

어제까지 내린 비로 평탄했던 능선 길마저 위험해졌다. 산보를 기대하는 동료들을 위험한 능선 길로 내몰 수는 없다. 말굽형의 내장산은 산 능선을 따라 돌면 여섯 시간이나 걸린다. 그중 서래봉은 날카로운 돌 봉우리들이 손가락처럼 펼쳐져 있다. 흡사 논을 갈아엎는 '써레'를 닮았다고 이름 붙여진 서래봉은 날카롭게 우리를 마주한다. 우리는 지체 없이 돌아선다.

케이블카로 오른 정자 아래서 내장사로 가는 가파른 하산 길을 택한다. 쉽게 산을 오른 것에 대한 값이라도 치르듯 내리막은 심하다. 게다가 계곡 내 공기는 움직이지 않는 텁텁함과 무더위로 내려가는 길을 더디게 한다. 뭐든 쉽게 얻은 것은 그만한 대가를 치른다. 세상에 공짜는 없다.

이곳 고창 읍성에도 대원군 척화비가 있다. 아들인 임금을 대신한 섭정으로 구태의연한 양반 세력을 부순 대원군이다. 하지만 세계정세에 어두워 양놈들을 부술 힘을 갖추지 못했다. 안동 김씨 상갓집 개로 이를 악물며 힘든 세월을 지내던 그에게 어느 날, 대원군이라는 막강한 권력이 주어진다. 전봉준이 대원군과 접촉을 시도할 때는 이미 청, 일이 조선을 놓고 누가 먼저 먹는가를 탐하던 시기다. 조선이라는 배가 이미 기울기 시작할 때다. 동학란이 일어난다. 부패하고 무력했던 조정은 결국 청, 일에 원군을 요청한다. 이 무렵 동학군은 승승장구였지만 전봉준은 스스로 물러난다. 청, 일에 조선 침입 빌미를 주지 않으려 함이다. 그의 사려 깊음이 오히려 안타깝다.

예부터 시아버지 사랑은 며느리라고 했지만 대원군과 민비는 기이한 운명이다. 외척을 견제하느라 세도가 집을 피해 며느리를 골랐다.

대원군 아내 쪽 몰락한 집인 민씨 가에서 며느리 후보를 데려왔다. 이 며느리가 민비다. 대원군은 며느리 후보 민비를 처음 볼 때부터 망설였다고 하니 둘 다 기구한 운명이다. 만약 그때 대원군이 민비를 며느리로 맞이하지 않았으면 구한말 정세가 변했을까. 일본의 야망, 러시아의 확장, 청의 욕심 사이에서 힘없던 조선이다. 미 철제 군함에 뗏목으로 맞섰던 조선은 대원군이나 민비 한 사람의 힘으로 어찌하기에는 이미 너무 나약한 나라였다.

내장산 관망대 정상에서 급히 내려오는 내리막길은 조선 한반도 정세만큼이나 가파르고 힘들다. 겨우 평지에 내려서자 내장사가 바로 코앞이다. 산 방향으로의 금선폭포까지 계곡 길을 따라간다. 계곡 길은 엊그제 내린 비로 미끄럽다. 폭포 퍳말이 보이는 곳에 용굴을 오르는 철 계단이 가파르다. 임진왜란 당시 전주에 있던 조선 실록 책들을 옮겨놓은 자연 동굴이다. 이렇게 깊은 계곡 속 동굴이라면, 누군가 발설하지 않는 한, 우연히 발견하기는 쉽지 않다. 100여 개 철계단이 가파르다. 그 한가운데 서자 천둥소리가 들린다. 높게 늘어선 철제 계단 때문에 언제 이곳에 벼락이 떨어질지 모른다. 등골이 오싹해진다. 임진란 당시 조선 실록을 옮겨야 하는 참담함도 벼락만큼이나 오싹하다.

강국들에게 힘없이 노출된 조선과 달리 일본은 개항과 체제 정비로 힘을 축적한다. 이후 주변 국가들에 하나하나 발을 들여놓는다. 밖으로는 호랑이들이 조선을 넘보는데 안에서는 대원군과 민비가 집안싸움을 하고 있다. 고래 싸움에 새우 등 터지듯 애꿎은 농민들만 수모를 당한다.

두 사람 싸움에 청, 러시아, 일본을 끌어들이다 보니 조선이 남아날 수 없다. 그나마 대원군이 긁어모았던 나라 살림을 민비가 퍼 쓴다. 기우는 배에서 제 물건 챙기기 바쁜 모양이 구한말 조선이다. 일본의 망나니들을 막을 궁궐 수비병들조차 제대로 없는 나라가 조선이었다.

내장사를 나오자 소나기가 거세진다. 내장사는 백양사에 소속된 작은 절인데 단풍이 내장사를 유명하게 만들었을 뿐이다. 산 고개를 넘어 백양사로 들어선다. 내장사만큼이나 많은 단풍나무가 내년 가을 단풍을 예고한다. 사람에 치이지 않고 단풍을 보려면 내장사보다는 이곳 백양사가 적당하다. 백양사는 전봉준이 피신하다가 동료 배반으로 잡힌 곳이기도 하다. 가장 무서운 적은 멀리 있지 않고 늘 내부에 있다고 역사는 말해 주고 있다.

나들이를 왔는지 백양사 대웅전 앞뜰에서 가족들이 사진을 찍는다. 아버지 등에 올라선 어린 사내 녀석이 신났다. 대원군과 고종은 저들처럼 아버지, 아들이었다. 아들을 왕으로 만들려고 대원군은 온갖 수모를 당하면서도 살아남았다. 하지만 대원군을 몰아내는 데 고종은 전혀 반대하지 않았다. 며느리 민비가 시아버지와 아들을 이간질했을까. 말년에 쓸쓸히 양주의 묘에 묻힐 때까지 고종은 대원군을 버렸다.

하지만 대원군은 아버지임을 분명히 했다. 청에 인질로 끌려가 고종을 몰아내는 일을 하지 않았느냐고 추궁을 당할 때 그가 한 말이 가슴에 저리다.

'역사에 아들이 아버지를 해친 적은 있으나 아버지가 아들을 해한 적은 없다.'

베트남 하롱베이 방문기

짙은 안개 속, 하노이에 내렸을 때는 늦은 오후였다. 하노이는 지금은 베트남 수도지만 베트남 전쟁당시 사회주의 국가인 월북의 수도였다. 하노이 상공에서 미군기의 무자비한 폭격으로 당시에 남아난 건물이 없고 그 흔적은 지금도 어디에도 없다.

창가에 펼쳐지는 논 풍경 때문에 가이드의 말이 한쪽 귀로 흘러간다. 이곳 하노이는 두 번째다. 처음에는 한밤중에 도착했다. 날이 새자마자 대학교로 이동하고 여러 사람을 만나느라 주위 풍경을 제대로 볼 시간적 여유가 없었다. 모내기 전인 듯 논을 갈고 있는 희색빛 소들이 보인다. 저 희색빛 소는 중국 계림 지역에도 있었다. 중국 남단 계림과 베트남 북단 하노이가 그리 멀지 않음을 알려주던 바로 그 소다. 내 머릿속에서 희색빛 소와 농민들이 뾰족한 밀짚모자는 바로 베트남 모습이다.

많은 영상물과 책들이 베트남 전쟁의 참상을 이야기한다. 헬리콥터 광풍에 짙은 녹색 벼는 좌우로 심히 흔들리고 그 사이로 군인들이 내려선다. 그 굉음에 저 희색 소들은 논두렁 길로 도망갔고 뾰족한 밀짚모자를 쓴 허름한 차림의 농부 또한 소와 함께 논둑길을 달려갔다. 저 논 사이를 저벅저벅 걸어가던 그 많던 군인들은 지금 모두 어디에 있을까.

농촌을 지나 도시로 들어서는 길은 우리나라 70년대를 연상시킨다. 국민소득 700불의 베트남은 급격한 사회적 변화를 겪고 있다. 프랑스 식민지이던 50년대에는 프랑스 유학파들이, 사회주의 체제하인 70년대는 러시아 유학파들이 이곳 하노이 지식층을 이루고 있었다. 내가 만난 베트남 교수 중에는 러시아에서 공부를 한 사람들이 제법 많다. 하지만 이제 베트남 청년의 꿈은 미국에서 공부를 하는 일이다. 미국이 힘들다면 이제는 한국이다.

미국과 한국, 모두 이곳 하노이 사람들에게는 전쟁 당시 적국이었다. 군인 여섯 명 중 한 명이 사상을 당했다. 민간인까지 포함한다면 희생당한 친척들이 여러 명이다. 하지만 이들의 한국에 대한 적개심은 눈에 띄지 않는다. 시간이 흘러서인가, 아니면 속에 감추어져 있는가. 30년 전 전쟁이다. 전쟁 후에 태어난 이곳 젊은이들에게는 이미 20년간의 경제개방으로 사회가 변했다. 굳이 전쟁의 쓰라린 역사를 되새김할 이유가 있으랴.

하노이는 많이 변하고 있다. 남쪽 옛 수도 사이공, 지금의 호찌민은 이미 전쟁 전부터 미국의 물자 공세에 익숙해져 있었다. 반면 이곳 하노이는 정치 중심지로 보수성이 강하고 외부 개방에 느린 곳이었다. 유교사상이 강해 부모 허락 없이는 결혼을 생각지 않고 아직도 데이트 비용은 남자가 모두 낸다. 우리나라 70년대를 닮은 건 길가의 풍경뿐만 아니라 이들의 생활방식까지다. 그게 반갑다는 마음이 드는 건 내가 그만큼 고리타분하기도 하지만 너무 급히 변해가는 삶의 모습이 안타까워서이기도 하다.

하노이 시내는 유럽풍 고급 아파들이 곳곳에 들어서고 있다. 프랑스 지배의 영향인 듯 이곳에서는 유럽풍 아파트가 유행이다. 우리 일행이 내린 곳은 하노이의 강남인 신흥 개발 지역이다. 단체 관광객들이 자주 들르는 곳으로 한국 식당과 함께 골프 매장도 보인다. 하노이에 한두 개밖에 없는 골프장을 위한 매장이 이곳에 있으니 이곳은 부유층들이 사는 지역임에는 틀림없나 보다.

저번에 하노이를 급히 방문할 때에도 많은 사람들이 하롱베이를 권했다. 여기 식당에서 만난 많은 한국인 관광객은 모두 하롱베이에 가는 중이다. 바다에 떠 있는 수많은 섬의 경치가 아름답다는 이곳은 대한항공이 이곳에 직항노선을 운영하면서 한국인 관광객이 급증했다. 무엇보다도 항공사의 화보에 늘 등장하는 바다에 떠 있는 커다란 돛단배는 베트남 고유의 아오자이 의상과 어울려 지극히 동양적이다.

중국 남쪽 계림 지역이 봉긋봉긋한 산들이 넓은 평야에 수없이 펼쳐져 있다면 베트남 하롱베이는 수많은 섬들이 바다에 떠 있다. 같은 모양의 산들이 평야와 바다에 펼쳐진 걸 보니 두 지역은 아주 가까이 있는 모양이다.

일행과 함께 부두에서 작은 배를 빌려 출발한 건 늦은 아침이다. 비시즌인지 사람이 별로 없다. 바다도 잔잔한 게 오늘은 조용한 뱃놀이 사치를 즐기려는가 보다. 네가 제일 좋아하는 것이 무엇인가라는 갑작스러운 질문에 뱃전에 서 있기라고 답을 한 적이 있다. 써 놓고 보니 그럴듯해서 그다음부터는 배를 타게 되면 날씨에 상관없이 흐르는 풍경을 하염없이 보게 된다. 바닷가에서 태어난 것도 아닌데 배라는 단어가 나를 잡는다.

일행은 아래층에서 한잔하는지 시끌시끌하다. 이층 갑판에 의자 하나 구해 놓고 앉으니 천하가 부러울 것이 없다. 양옆으로 섬들이 스쳐 지나가고 귀에 가득한 바람 소리만 바다를 가른다. 대학 시절의 한려수도의 뱃길을 기억하며 몇 년 전 가족과 함께 소매물도를 찾아갔다. 통통배까지는 아니더라도 갑판 위에서 바라보는 한려수도를 기대했지만 반갑지 않은 모습으로 부두에서 나를 기다린 것은 쾌속선이다. 쾌속선은 바깥으로 나갈 수가 없다. 하늘을 볼 수 없는 상황에서 좁은 창으로 겨우 보이는 바다 모습은 배의 흔들림과 함께 나에게 뱃멀미까지 안겼다. 나에게 필요한 것은 빠른 속도가 아니라 하늘이 보이는 갑판이었다.

하롱베이에는 삼천 개의 섬이 있다. 어느 모퉁이를 돌아서니 처음 가보는 곳이지만 낯설지 않다. 대한항공 화보를 찍은 곳이다. 산, 바다를 배경으로 황포돛단배가 머리에 콕 박힌 곳이다. 섬과 섬 사이에 둘러싸인 한가운데 배들이 잠시 정지한다. 임시로 횟감을 파는 곳이다. 배 주위로 아주 작은 배가 달라붙는다. 갓난아이를 업은 여인이 손을 내민다. 금방 가라앉을 듯한 배에는 지저분한 포대기와 그 위를 뒹굴어 다니는 두세 살 된 갓난아이가 있다. 많은 사람들이 몰려 있어 돈을 던져주기가 멋쩍다. 내가 배를 타고 다니는 것을 좋아한다지만 이들에게는 하루를 구걸로 살아야 하는 곳이라 생각하면 내 취미가 사치스럽다.

한두 군데 동굴을 들른 배는 오늘 여행의 백미라는 최종 목적지에 도달한다. 주위에서 가장 높은 섬의 전망대에 오르는 것이다. 이런 전망대는 남해안 금산에도 있다. 한려수도가 발아래 점점이 보이는 금산은 한 시간은 족히 올라야 한다. 푸른 바탕 천에 먹물을 획 뿌려서 그린 흑백 그림처럼 점점이 섬들이 흩어져 있었다. 이곳 하롱베이 전망대는 오르내리는 계단에 한국 사람 일색이다. 일부러 외국인을 찾으려고 해도 없다. 남산 팔각정도 이보다 한국인이 많지 않다. 대한항공 선전의 힘은 대단하다. 아니 대한항공이 아니라 대한민국의 힘이 커진 것이리라. 지금 여기 하노이 사람들처럼 먹고살기 힘들었던 우리들이 돈을 벌게 되면서 이제는 넓은 하롱베이를 점령군처럼 몰려다니고 구걸하는 걸인들에게 선심 쓰듯 돈을 던지고 있다.

베트남에는 많은 한국인이 다녀갔고 다녀간다. 예전에는 맹호부대 군인들이 민주주의 수호라는 이름으로 이곳에 왔다. 남의 전쟁에서 전투를 하면서 한국 군인들도 많이 죽었고 이곳 북쪽의 많은 젊은이들과 민간인들이 숨졌다. 전선이 분명치 않은 지역이라 해서 많은 민간인이 피해를 입은 것이 전쟁 탓이라 할 수만은 없다. 그때 그 군인들은 왜 이 전쟁을 해야 하는가를 알았을까. 대부분 전쟁이 그러하듯 시간이 지나면서 흔적도 잊힌다. 하지만 그렇다고 그 전쟁의 흔적이 완전히 없어진 건 아니다. '라이따이한'이란 이름의 한국 혼혈 아이들이, 아니 이제는 다 큰 젊은이들이 무책임한 한국 아비를 원망하고 있으니 말이다. 처음에는 맹호부대로, 다음에는 관광객으로 한국인들이 차례로 베트남에 밀려오는 건 아닐까. 혹시 지난날의 맹호부대 군인 같은 생각을 지금 내가 하고 있는 건 아닐까. 내가 와서 전투를 하는 것이나 돈을 뿌리며 호사하는 것이나 모두 이들을 돕는 것이 아니냐는 생각을 하는 건 아닌지 두렵다.

청계산 계단에서

청계산은 서울 시내, 특히 강남 지역에서 가장 가기 편한 산이다. 산이라고 해봐야 1시간 남짓 오르면 정상이 보이는 동네 산이다. 하지만 나무가 있는 숲을 보기가 힘든 것이 서울 사는 어려움 중 하나라는 것을 생각하면 가까운 거리에 산이 있음은 참으로 다행스럽다.

아이들을 데리고 산에 가기는 여간 힘든 일이 아니다. 온갖 감언이설로 꼬이거나 반 협박으로 데리고 가지만 대부분의 가족 산행은 한두 번에 그치고 아이들은 그 뒤론 어른들의 등산 권유에 온갖 이유로 빠져나간다. 하기는 어릴 적에 산에 간 기억이 나도 없다. 어린 시절에도 지금의 나처럼, 어른들은 등산을 다녔을까, 아니면 먹고살기 힘들어서 등산 다닐 틈이 없었을까.

사람들은 왜 등산을 갈까. 이런 의문은 어릴 적 산을 오르는 어른들을 보고 품었던 의문 중 하나이다. 쉽기는 한가, 즐겁기는 한가, 또

오르면 내려올 길을 무얼 그리 힘들게 올라가서는 다시 내려오는 것일까. 이런 의문은 더 이상 이어지지 못하고 중, 고등학교 각 3년씩 도합 6년을 교실에 붙잡혀 지내면서 그 물음은 사라졌다. 정답을 알았기 때문이다. TV에서 에베레스트, K-2 봉을 오르는 등반가들의 모습이 생생히 중계되기 시작하면서 사람들은 이제 모두 그 답을 듣게 되었다. 산 정상을 정복한 후의 인터뷰에서 그들에게 꼭 물어보는 것은 내가 어릴 적 가졌던 질문과 같다. 죽을 수도 있는 그곳을 왜 올라가나요. 답이 한결같다. 산이 거기 있어서 간다. 말하는 사람이나 듣는 사람이나 이 말에 대해서는 가타부타 말이 없다.

청계산은 아주 만만한 산이다. 아침에 오르면 점심은 아래에서 먹을 수 있다. 옥녀봉과 매봉이라는 두 봉우리가 있다. 그중 하나를 오르기도 하지만 대부분 두 군데를 둘러온다. 시내버스가 수시로 다니는 가까운 지역이다 보니 토요일은 등산객이 많다.

가까운 사람들끼리 정기적으로 다니다 보니 길이 익숙해지고 주위 풍경이 눈에 들어온다. 토요일 등산객은 대부분 그룹이다. 반면 평일에는 두셋 혹은 홀로 걷는 사람들이 많다. 공통점은 단체건 개인이건, 나이 든 사람이 많다는 것이다.

시간에 늦을세라 서둘러 달려온 덕에 숨이 채 가라앉지 않는다. 여섯 명의 단출한 모임으로 아는 친구들이라 언제나 마음이 편하다. 오늘은 옥녀봉, 매봉을 통과하는 세 시간 남짓한 길이다. 채 숨이 가라앉기도 전에 출발이다. 일주일에 두 번은 산에 오른다는 J는 벌써 저 앞으로 앞서간다. B도 가벼운 몸을 무기 삼아 뒷모습만 보인다. 처음의 가파른 언덕길은 숨을 턱밑까지 몰아세운다. 이런 급경사는 옥녀봉이라는 이름과는 달리 전혀 여성스럽지 않다. 급한 경사를 지나가자 이제 평지에 가까운 길이 잠시 이어진다. 양옆에 늘어선 소나무 사이로 다져진 길은 황토 길이라 맨발로 다니는 사람들이 눈에 띌 정도이다. 걷기에 제일 편한 길이다. 더구나 이 방향은 사람들이 자주 다니는 길이 아니라서인지 토요일임에도 불구하고 오가는 사람들이 적다. 어느 가을 일요일, 북한산 인수봉에 올랐다가 하루 종일 앞사람의 뒷모습만 보고 걸었던 기억이 있다. 그 이후 사람 많은 산은 엄두가 나지 않는다.

가까운 산임에도 이 길목은 다니는 사람이 적다. 옥녀봉을 지나 매봉으로 가는 길은 지금까지의 평탄한 길과는 달리 급한 경사로 이루어져 있다. 사실 오늘 제일 난감한 코스다. 길이 힘들어서가 아니고 길게 이어진 계단이 사람들의 인내심을 시험한다. 1,000개의 계단이다.

이 계단을 피하고 싶다. 1,000개의 계단에는 번호가 1번부터 쓰여 있다. 게다가 누구의 아이디어인지는 몰라도 각 계단마다 이름이 쓰여 있다. 무슨 봉사회, 어느 동네 누구, 이런 식이다. 아마도 계단 건설에 기부한 사람들 이름이리라. 천리 길도 한 걸음부터라지만 1번 숫자의 계단을 밟으면서 1,000번째의 계단을 생각하기란 오르는 사람을 지레 힘들게 한다.

페이지가 차례로 쓰여 있는 영어 단어장, 시험 날짜까지의 숫자가 빼곡히 적혀 있는 달력, 이 모든 것이 나에게 익숙하다. 숫자는 내 숨을 조인다. 참고 견뎌야 한다고 숫자는 말한다. 바닥에 그어진 줄만 보면서 하는 수영은 힘들다. 그걸 넘는 유일한 방법은 100까지 숫자를 세 나가는 거다. 그런 인내의 숫자를 산에 와서까지 겪음을 툴툴거리면서 담당 공무원을 탓하지만 달리 돌아갈 길도 없다. 시간이 지나가 하는 입시처럼, 날짜가 흘러가야 하는 군대처럼 그 길을 어쨌든 가야만 했다.

어차피 견뎌야 할 시간이면 재미있게 지나가자. 자포자기 심정으로 계단에서 흥밋거리를 찾는다. 계단에는 돈을 낸 사람들 이름도 있지만 그들에게 한마디씩 할 수 있는 기회도 있다. 1,000명에게 제일 남기고 싶은 말을 쓰라고 했을 것이고 그들은 고민하면서 문구를 골랐을 것이다. 그들은 무엇을 제일 바랄까. 세계 통일이라는 큰 뜻을 기원한 사람도 있지만 대부분은 가족들의 안녕을 바라는 글이다. 좋은 대학도 아니고 '그저 건강하게 자라라' 하는 글이 대부분이다. 물론 기부한 사람들이 어른들이라 그렇겠지만 모두 아이들 건강과 행복을 기원한다.

모든 부모가 조건 없는 애정을 아이들에게 준다는 것을 1,000개의 계단은 보여 준다. 저 앞서가는 B도 이제 조금 있으면 치르는 큰 아이의 입시가 걱정이다. 한 해를 쉬었지만 동기부여가 적은 것이 걱정이라 하는 그의 말속에는 아이가 늘 같이 있다. 내가 만일 이 계단에 무언가를 써야 한다면 무얼 쓰나. 나 역시 한 단어가 떠오른다, 가족.

정상에는 늘 사람들로 붐빈다. 게다가 봉우리가 작아서 사방에서 올라온 사람들로 북적인다. K는 늘 막걸리를 한 잔 돌린다. 땀 흘린 뒤 산 위에서의 차가운 막걸리 한잔은 등산의 큰 즐거움이다. 그 생각을 하면서 늘 산을 오른다고 하는 L은 주당이다. 덕분에 열심히 하는 운동에도 배가 줄지 않지만 그렇다고 술을 마다하지는 않을 만큼 아직 젊다. 그의 말에도 가족은 늘 묻어 있다.

4장

사람들이 놀랍다

자전거 바퀴

앞으로 가면 가는 만큼 따라오고
물러서면 물러선 만큼 뒷걸음질치고
늘 나를 지켜주는 그대를 닮았군요.

인류 최후의 적-바이러스

: 동물·사람 간 감염 61종…
코로나·플루가 두목급 바이러스(신종 코로나 비상)

신종 코로나바이러스 감염증(우한 폐렴)으로 세계가 초비상이다. 치사율은 2% 가까이 된다. 사스(SARS, 중증급성호흡기증후군) 10%, 메르스(MERS, 중동호흡기증후군) 30%보다 낮지만 일반 독감(플루)보다는 훨씬 높다. 블룸버그통신은 이번 겨울 미국에서 1900만~2600만 명이 독감에 걸려 1만 명 이상이 사망했다고 전했다. 치사율이 낮아도 감염자가 많아지면 사망자도 그만큼 늘어난다. 왜 이런 바이러스 폭풍이 점점 자주 발생할까. 노벨상 수상 과학자들은 지구온난화, 핵전쟁에 이어 대규모 질병, 특히 바이러스 폭풍을 인류 멸망 가능성의 주요 원인으로 꼽았다. 인류 최후의 적은 바이러스다. 바이러스를 들여다보자.

영화 〈감기〉(2013, 한국)는 분당에서 발생한 변종 바이러스가 전국으로 확산한다는 내용의 SF 영화다. 발생 지역을 봉쇄하고, 치료제를 찾는 과정 등은 나름대로 과학적이다. 하지만 영화 제목이 적절치 않다. '감기'라면 콧물, 재채기가 나고 목이 붓는 정도의 증상을 보인다. 제목을 굳이 찾자면 '독감'이다. 독감과 감기의 차이는 무얼까. 감기는 200여 종의 '순한' 바이러스가 원인이다. '감기로 병원 가면 1주일, 놔두면 7일 걸린다'고 했다. 감기는 치료제와 예방주사가 따로 없다. 200여 종 바이러스를 대상으로 200종 백신을 만들 수는 없다. 병원 처방 감기약은 보조수단이다. 바이러스를 죽이는 건 우리 몸의 면역이다. 따라서 감기에 걸리면 푹 쉬어서 면역력을 최대로 높이는 게 상책이다. 문제는 독감이다.

감기 바이러스도 200여 종

독감은 바이러스의 종류가 다르다. 조류독감(AI), 메르스, 사스, 신종 코로나 등은 그중에서도 독한 놈들이다. 감기 바이러스가 코, 목에 머무는 것과 달리 독감 바이러스는 호흡기 깊숙이 침투한다. 폐 세포 내부로 들어가 수를 급속도로 불리고 폐 세포를 파괴한다. 급성 폐렴이 발생하고 호흡 곤란이 온다. 폐렴은 한국인 사망 원인 3위다. 바이러스는 어떻게 급속히 세포를 파괴해서 사망에 이르게 할까.

바이러스는 1000마리를 한 줄로 세워야 머리카락 굵기가 된다. 신종 코로나바이러스는 박쥐에서 왔을 가능성이 크다. 박쥐 한 마리에는 137종의 바이러스가 있고 이 중 61종이 동물과 사람을 동시에 감염시키는 인수(人獸) 공통 바이러스다. 쥐도 비슷하다. 쥐, 박쥐는 지구 포유류 중 개체 수가 1, 2위다. 이런 바이러스들이 사람에게 직접 전파되기도 하고 중간 동물(낙타, 새 등)을 거치기도 한다. 바이러스는 구조와 침투 과정이 간단하다. 바이러스가 몸에 들어오면 세포 표면에 착 달라붙는다. 세포 속으로 들어가려면 열쇠가 필요하다. 바이러스는 열쇠 모양을 이리저리 변화시킨 변종을 만들어 진화한다. 침입 후 껍질을 벗는다. 내부 유전물질(DNA 혹은 RNA)이 복제되면서 수십 개의 바이러스가 세포 안에서 만들어진다. 이놈들이 세포를 파괴하고 나와 주위 세포에 다시 달라붙는다. 이런 방식으로 급격히 수를 불린다. 세포가 파괴되면 장기가 망가진다. 스스로 분열하는 생물인 세균(박테리아)은 세포 외부에 영양분이 있어야 수를 불린다. 변종도 바이러스보다 적다. 세포 속에 들어가는 바이러스와는 달리 세균은 세포 외부에 있어서 면역에 쉽게 노출된다. 바이러스가 감염에는 한 수 위다. 현재 인류를 위협하는 바이러스 중에서 두목급은 인플루엔자와 코로나바이러스다.

영화 〈감기〉의 영어 제목은 〈Flu〉다. 플루(Flu)는 인플루엔자(Influenza)의 약자다. 2009년 멕시코에서 시작해 1만 4000명의 사망자를 낸 신종플루는 '새로운 인플루엔자'라는 의미다. 인플루엔자는 대표적인 호흡기 바이러스다. 이놈은 바이러스 껍질에 두 종류의 단백질이 튀어나와 있다. H와 N이다. H(헤마글루틴)은 침입 시 사용하는 열쇠이고 N(뉴라미데이즈)은 복제 후 튀어나올 때 쓰는 칼이다. H와 N이 각각 16개, 9개이니 이 조합만 해도 생길 수 있는 인플루엔자 종류가 144개나 된다. 1918년 스페인독감(H1N1)은 1차 대전 사망자의 3배를 넘는 5000만 명을 죽였다.

문제는 따로 있다. 인플루엔자는 다른 동물(새·닭·돼지 등)도 감염시킨다. 이런 놈들이 변종이 되면 사람도 감염시킨다. 2004년 태국에서 6200만 마리의 닭을 죽인 조류독감(H5N1)이 사람도 감염시켜 50% 넘는 치사율을 보였다. 2009년 1만 4000명을 죽게 한 신종플루(돼지독감)는 인간·조류·돼지를 감염시키는 3종류 N이 섞여 있었다. 이번 중국 우한에서 발생한 코로나바이러스도 변종이다.

동물 속에 은신, 박멸 어려워

변종은 생물 진화에 유리하다. 바이러스 내부 유전물질이 RNA인 경우는 DNA보다 변종이 더 잘 생긴다. 복제 과정이 한 단계 더 있기 때문이다. 인플루엔자(조류독감·스페인독감·신종플루)·코로나(메르스·사스·신종 코로나)·에이즈·에볼라는 모두 변종이 잘 생기는 RNA 바이러스다. 게다가 동물 속에 들어가 은신할 수도 있다. 박멸하기 힘든 이유다.

인류가 바이러스를 이긴 적은 '딱' 한 번 있다. 천연두 바이러스다. 이놈은 변종이 적게 생기는 DNA 바이러스다. 게다가 사람만 공격한다. 천연두 발병을 계기로 만든 백신이 천연두를 코너로 몰았다. 변종도 안 생기고 은신할 동물이 없는 천연두가 박멸된 계기다. 천연두와 달리 인플루엔자·코로나·에볼라는 변종도 잘 생기고 은신할 동물들도 있다. 이놈들이 극성인 이유가 무얼까.

『바이러스 폭풍』의 저자 네이션 울프는 급증하는 신·변종 바이러스 창궐 원인을 3가지로 꼽았다. 밀림 개발·가축 증가·일일생활권이다. 즉, 밀림 속에 있어야 할 야생동물들이 개발로 밀려 나오고, 가축을 가까이 키우면서 바이러스 접촉이 많아지고, 하루 만에 바이러스가 비행기를 타고 전 세계로 퍼진다는 것이다. 이번 신종 코로나바이러스도 야생동물을 요리해 먹는 과정에서 인간에게 옮긴 것으로 추정된다. 2002년 중국발 사스도 사향고양이 요리 과정에서 옮긴 것으로 확인됐다. 야생동물-가축-인간 연결고리를 끊는 것이 급선무이다.

가장 확실한 방법은 예방 백신을 만드는 일이다. 현재 독감 백신은 3~4종 있는데 신·변종 바이러스는 못 막는다. 과학자들은 변종이 많은 인플루엔자 바이러스 중에서도 공통적인 부분을 찾고 있다. 과학이 답을 찾는 동안 지구촌은 한마음으로 대응책을 마련해야 한다. 국가 간 발생 정보 공유와 조기 격리가 현재로선 최선의 답이다.

신종 바이러스를 이겨내려면

바이러스를 접촉하지 않는 게 최선이다. 감염자 분비물(기침 등)이 묻은 표면을 손으로 접촉하고 손이 입과 코에 닿으면 감염된다. 신·변종 바이러스에 감염되면 개인 면역 세기가 치료의 관건이다. 신·변종 바이러스를 죽이는 면역세포를 몸에서 새로 만드는 데 시간이 걸린다. 바이러스가 퍼지기 전에 면역이 만들어져야 살 수 있다. 평상시 면역을 키우는 게 중요한 이유다.

바이러스 관련 용어

- 바이러스: 다른 세포 내에서만 수를 불리는 생물·무생물 중간체.
- 인플루엔자(플루): 대표적인 호흡기 감염 바이러스. 조류·돼지·사람도 감염시킨다.
- 코로나바이러스: 왕관(코로나) 모양 바이러스. 메르스·사스·신종 코로나가 있다.
- 세균(박테리아): 영양분만 있다면 수를 불린다. 콜레라·대장균·유산균 등이 세균이다.
- 항생제: 세균이나 곰팡이를 죽이는 물질. 페니실린이 대표적이다. 바이러스에는 안 듣는다.
- 타미플루: 바이러스가 복제하는 것을 억제하는 항바이러스제. 모든 바이러스에 듣는 건 아니다.
- 백신: 세균·바이러스를 사멸·약화시켜 만들거나 껍질로 제조한 예방주사. 해당 면역세포들을 미리 준비시킨다. 해당 병원체를 대량 배양할 수 있거나 바이러스 정보가 있어야 만든다. 신·변종의 경우 개발 시간이 최소 몇 년은 걸린다.

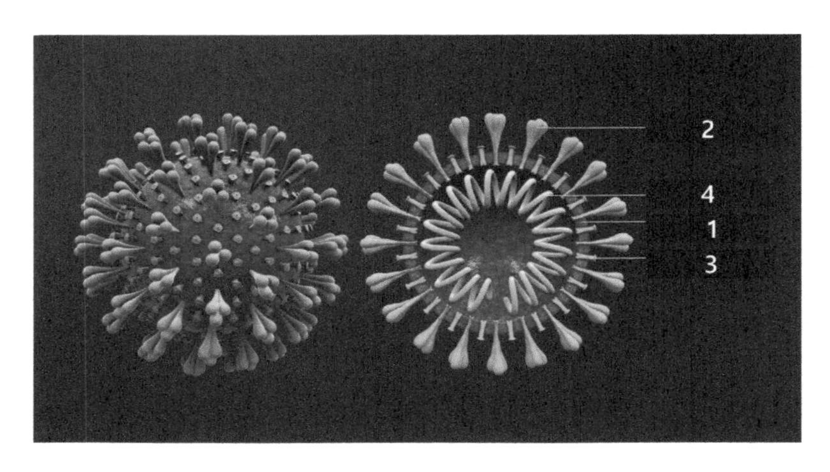

우한 코로나바이러스 감염과정

신종 코로나 바이러스 - 껍질(1)에는 세포침투에 필요한 열쇠(2, 3)가 있다. 침입 후 내부 유전물질(4)이 복제되어 수를 불린다

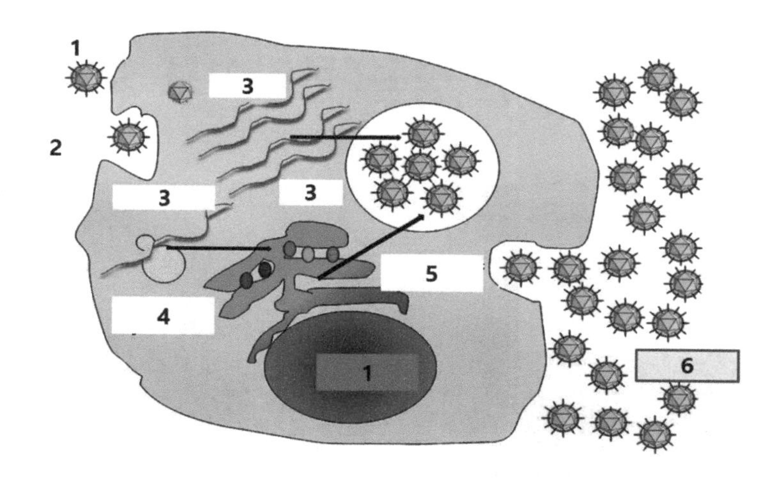

바이러스 침투과정

바이러스(1)가 세포벽에 붙어(2) 들어간다. 껍질을 벗고 유전물질(3)이 세포 내 장치(4, 5)를 이용해 바이러스를 복제한다. 이후 세포벽을 뚫고 밖으로 나가(6) 다른 세포를 다시 감염시킨다. 각 단계를 막을 수 있는 바이러스 치료제가 필요하다

두뇌는 천연 약국, 가짜 비아그라 먹어도 17%는 성공(플라시보 효과)

몸에 대기만 해도 치료가 된다는 엉터리 금속봉과 가짜 플라시보 치료 풍자만화 (1801, 제임스 길레이)

2003년 중국 티베트 라싸 공항. 3,500m 고지라는 동행의 말에 멀쩡하던 머리가 지끈거리기 시작했다. 일정을 취소하고 숙소로 들어가야 했다. 여인숙 수준의 호텔에 두통약은커녕 영어가 통하는 직원도 없었다. 그때 방구석에 비닐 마스크가 달린 통이 눈에 들어왔다. 'Life Saver(생명 구호품)' 명찰을 보는 순간 안도했다. 방값보다 바가지 수준인 10달러를 내고 마스크를 썼다. 공급되는 '순 산소' 덕분에 두통도 금방 사라졌다. TV도 제대로 안 나오는 여인숙에 100%

산소를 쉽게 만드는 기기가 있다는 점이 신기했다. 내부가 궁금했다. 힘들게 열어 본 상자는 허술했다. 어항에 뽀글뽀글 공기를 내뿜는 5,000원짜리 공기발생기만 덜렁 있다. 그동안 공기만 마신 셈이다. 그때까지 괜찮던 머리가 다시 아프기 시작했다. 상자를 열지 말았어야 했다. 산소를 마시고 있다는 '생각'만으로도 고산병 두통이 사라지는 플라시보(Placebo·위약·僞藥) 효과였다.

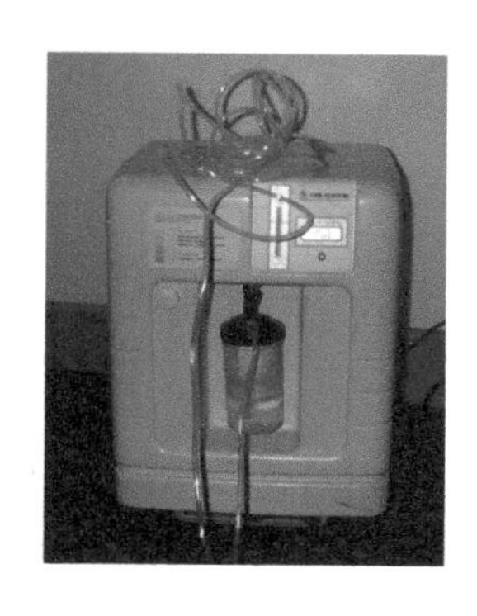

티베트 숙소에 있었던 가짜 산소발생기. 덕분에 두통이 없어졌다

약을 먹지 않고 기분만으로 실제 치료가 될까. 미국 식품안전청(FDA)은 우울증 치료약 효과 80%는 플라시보 효과라고 했다. 약을 먹으면 마음만 변하는 게 아니다. 파킨슨 환자는 가짜 약, 가짜 뇌수술을 해도 두뇌 도파민이 실제로 늘어난다. 이탈리아 연구팀은 두뇌세포를 훈련하면 '생각만으로 치료'가 되는 플라시보 효과를 유도할 수 있다고 했다1. 왜 생각만으로 통증이 가라앉을까.

플라시보는 실제로 화학적 변화를 만든다

고산증은 머리를 아프게 한다. 올라갈수록 공기(산소)가 희박해져 3500m에서 혈액 포화 산소농도는 평지의 85%다. 인체 공급 에너지·산소 20%를 쓰는 두뇌는 산소 부족으로 초비상이다. 부족해진 산소공급을 늘리려고 경보물질(PGE2)을 만들어 두뇌혈관을 확장시킨다. 늘어난 혈관으로 머리가 아파진다. 혈액 속 이산화탄소농도도

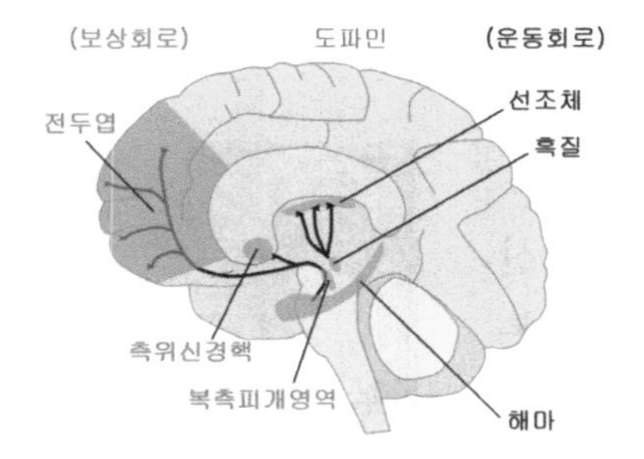

도파민은 기쁠 때(보상회로·왼쪽) 분비되며 운동회로(우측)도 조절한다

떨어지면서 두통은 더해진다. 비상 대응책으로 캔 속 순 산소를 마시면 혈액산소가 높아져 두통이 없어진다.

필자가 호텔방에서 마셨던 '가짜 산소'는 어떻게 두통을 없앴을까? 단지 기분 탓일까? 아니다. 이탈리아 투린 의대 연구에 의하면 고산지대에 있는 사람이 플라시보 산소(가짜 산소, 공기만 공급)를 마시면 혈액 내 산소농도는 평지의 85% 그대로다. 하지만 두뇌 생산 경보물질은 진짜 산소를 마신 것처럼 낮아진다. 낮아진 경보물질 탓에 혈관확장이 줄어들어 머리가 안 아프게 된다. 생각만으로 실제 두통 원인물질(PGE2)이 줄어든 것이다. 티베트 숙소에 있었던 가짜 산소통은 경위가 어떻든 필자 고산증을 없앴다. 플라시보 효과를 티베트 숙소 주인은 알고 있었을까. 알고 있었다면 그는 유능한 의사이고 몰랐다면 사기꾼이다. 의사이면서 사기꾼 취급을 받은 사람은 따로 있었다.

1796년 미국 코네티컷 의사 엘리사 퍼킨스는 '만능 치료봉'으로 특허를 받았다. 7㎝ 크기의 금속봉으로 통증부위를 문지르면 신기하게 통증이 감소됐다. 독특한 금속 성분 때문에 통증부위 전기 특성이 변하기 때문이라 했다. 당시 조지 워싱턴 대통령이 구매했다고 입소문이 퍼졌다. 의사협회가 효과 검증을 해도 반반이었다. 얼마 후 결정적인 반대 결과가 나왔다. 눈을 가린 상태에서 나무봉도 통증을 가라앉혔다. 결국 퍼킨스는 사기꾼으로 매도되었고 이후 만능 치료봉을 쓰는 의사는 없었다. 하지만 그는 사기꾼이 아니었다. 플라시보 효과를 최초로 의료계에 알린 선구자다.

설탕 가짜 약 먹였더니 뚜벅뚜벅 걸어

Placebo란 라틴어로 'I shall please', 즉 '내'가 주어고 '좋아진다'라는 긍정심이 동사다. 내가 주도해서 좋게 만드는, 심리적 요인이 핵심이다. 통증·파킨슨·위궤양·과민성대장염·우울증·발기부전에 플라시보 효과가 크다. 모두 두뇌 관련 질병이다.

통증은 두뇌가 느낀다. 약으로 통증이 없어질 거라는 생각이 들면 굳이 고통을 감내할 이유가 없다. 가짜 약(플라시보)을 먹으면 통증이 가라앉는 이유다. 노스웨스튼 의대 팀은 만성 관절염 환자 56명에게 진짜와 가짜 약을 투여한 결과 참여자 50%가 가짜 진통제에도 진짜처럼 통증 해당 두뇌부위가 반응함을 기능성 자기공명장치(fMRI)로 확인했다2. 이 부위를 외부에서 자극할 수 있으면 약, 수술 없이도 만성 두통을 치료할 수 있다.

'복싱 전설' 무하마드 알리가 32년간 파킨슨 투병 끝에 2016년 6월 사망했다. 파킨슨은 두뇌 도파민이 적게 생산되면서 운동신경이 제대로 안 움직이는 병이다. 캐나다 연구팀이 유명 학술지 『사이언

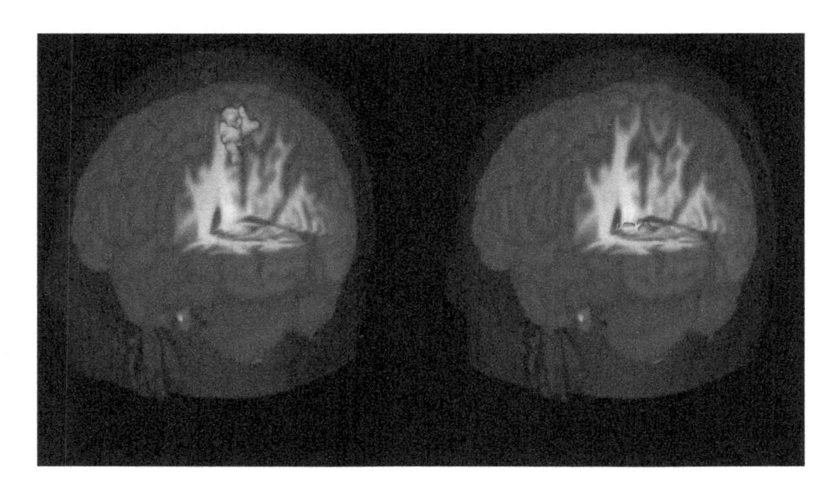

두뇌 통증부위(노란색)는 아프지 않다는 생각만으로도 감소한다. 플라시보 두통 감소부위를 정확히 찾아낸 연구로 만성통증 치료 방법이 기대된다.

스』에 보고한 바에 의하면 가짜 약(설탕)을 환자에게 먹였더니 15m를 30분 걸려 걷던 파킨슨 환자가 마치 약 먹은 것처럼 뚜벅뚜벅 걸어갔다. 치료 효율은 진짜 약의 25%였다. 중증 파킨슨 환자의 경우, 두뇌에 전극을 삽입해서 운동 관장부위를 자극하기도 한다. 이 경우 전극을 끄고 환자에게는 켰다고 하면 실제로 켠 것 같은 운동 효과가 나타난다. 가짜 수술을 해도 치료 효과가 나타난다. 가짜 약이나 가짜 치료에 반응하는 부위는 '보상 회로(reward circuit)'다. 가짜 약이지만 '잘 될 거라는 기대'로 실제 도파민을 만들게 한다.

사촌이 땅을 사면 왜 배가 아플까? 질투심에 스트레스 물질(코르티솔)이 두뇌에서 발생하고 이 신호가 두뇌-대장 신경을 따라 배에 전달된다. 위궤양도 정신적인 스트레스로 많이 생긴다. 위궤양 치료약 '타가메트'는 프랑스에서 60% 치료 효과를 보였다. 하지만 브라질에서는 타가메트 이름의 가짜 약이 59% 치료 효과를 보였다. 과민성 대장염은 세균 감염 대장염과는 달리 기분에 따라 증상이 오르내린다. 과민성 대장염 환자 40%는 가짜 약을 먹기만 해도 증상 감소 효과를 보였다.

플라시보 효과가 가장 큰 질환은 우울증이다. FDA에 의하면 우울증은 진짜 약으로 41%, 가짜 약으로 32% 줄어든다. 심리적 요인이 80%다. 가짜 약도 그 효과가 오래 간다. 7주간 가짜 우울증약에 효과가 있던 그룹은 그 후 12주간 가짜 약을 먹어도 79%가 효과가 유지됐다. 우울증은 플라시보 효과를 톡톡히 보는 질환이다.

비아그라는 발기부전 치료제다. 발기는 시각·상상으로 두뇌가 신호물질을 보내 혈관을 확장해 이루어진다. 비아그라는 79% 효과를 보인 반면 가짜 비아그라는 17% 효과를 보였다. 섹스 상대나 기분에 따라 발기 상태가 급변하는 점을 감안하면 플라시보 효과가 클 것 같지만 우울증 플라시보 효과(79%)에 비하면 작다. 청소년 시기는 의지와 상관없이 잠잘 때도 발기된다. 즉 발기부전 현상은 심리적 요인 이외에 육체 상태가 크게 좌우한다.

아이들은 무엇이든 잘 믿어 그만큼 큰 플라시보 효과를 얻을 수 있다. 반면 치매 환자는 효과가 거의 없다. 전두엽 기능이 저하되어 이 약이 좋을 거라는 생각을 못해 심리적 기대 효과가 아예 없기 때문이다. 플라시보는 심리적 요인이 크다. 작은 약보다는 큰 약이, 분말보다는 캡슐약이, 안 알려진 약보다는 유명브랜드 약이, 약보다는 주사가 효과가 크다. 그만큼 기대감이 중요 변수다. 플라시보 치료 효과를 좌우하는 사람은 환자일까, 의사일까.

이스라엘 의대 팀은 가짜 약을 먹는다고 환자에게 알려주어도 치료 효과가 있다고 발표했다3. 진짜 약을 먹는다고 생각해야만 치료 효과가 있다는 플라시보 기존 상식을 뒤집는 결과다. 연구팀은 만성 허리통증 환자 97명을 대상으로 가짜 약을 먹어도 치료가 되었던 실제 사례를 15분간 설명했다. 이후 3주 실험 결과, 플라시보 약이라고 알고 먹은 그룹의 치료 효율(30%)이 아무것도 안 먹은 그룹(9%)보다 3배 높았다. 연구진 해석은 이렇다. 이 약이 여하튼 효과가 있다는 의료진의 긍정적 설명, 실제로 약을 먹고 치료에 참여한다는 사실, 즉 의료시스템 신뢰가 플라시보 효과의 핵심이라는 이야기다.

의료진 믿어야 플라시보 효과 더 커져

의사의 긍정적 격려가 플라시보라면 부정적 멘트는 '노시보(Nocebo)', 즉 악영향을 미친다. 전립선 비대증 치료약(피네스테라이드)이 발기부전 부작용이 있다는 의사의 설명을 들은 그룹이 안 들은 그룹보다 3배 높게 실제로 발기부전이 됐다. 같은 진통제 주사라도 '편해질 겁니다'와 '따끔해도 참아야 합니다'는 하늘과 땅 차이이다. 지푸라기라도 잡아야 하는 환자에게 '냉철한' 의학 정보도 중요하지만 힘을 내게 하는 의사의 '훈훈한' 격려 한마디가 때로는 더 효과적이

무하마드 알리가 앓았던 파킨슨병의 경우, 치료되고 있다는 생각(플라시보)만으로도 도파민을 분비시켜 환자를 움직이게 만들 수 있다

다. 영국 의사 97%가 환자에게 플라시보, 즉 가짜 약을 처방한 경험이 있다. 물론 치료 목적의 선한 의도다. 플라시보 처방은 정직함과 치료 우선 사이의 딜레마다. 환자와 의사 사이의 솔직한 소통과 신뢰 구축이 딜레마의 해결책이다.

플라시보 효과가 끊어진 신경 줄을 연결하거나 암을 퇴치하지는 않는다. 하지만 현대의 많은 질환들은 두뇌에서 비롯된다. 인간 두뇌는 갖가지 치료제를 갖춘 천연 약국이다. '점점 좋아지고 있다'는 매일 매일 자기 암시로 천연 약을 만들어 내자.

생활 속 장수 열쇠, 과학자들이 꼽은 건 '손주 돌보기'(노년의 엔돌핀)

할머니의 생신

오스트리아 화가인 페르디난트 게오르크 발트뮐러(F. G. Waldmller)의 1856년 작품. 영국 윈저성 소장. 할머니의 손주 돌봄 덕분에 딸은 더 많은 아이를 낳을 수 있다는 것이 '할머니 효과(Grandmother Effect)'다

하루 종일 손자를 보느라 지친 시어머니가 어느 날 꾀를 냈다. 예전 할머니들이 그랬듯이 밥을 입으로 씹어 손자에게 먹인 것이다. 옆에 있던 며느리가 기겁을 하고 아무 말 않고 아이를 데려가더란다. 우스

갯소리지만 할머니의 심정이 이해된다. 봐줄 사람이 마땅치 않아 봐주긴 해야 하는데 허리 디스크나 우울증이 생기기도 한다니 이거야말로 울며 겨자 먹기다. 최근 과학자들이 내린 결론은 손주를 봐주는 것이 손주와 할머니 모두에게 유익한 최고의 윈윈 전략이란 것이다. 현재의 저출산·고령화 문제를 해결할 수 있는 묘책이라고도 했다.

단, 적정 시간 돌본다는 전제를 깔았다. 과학자들은 '손주 돌봄'이 인간이 다른 동물보다 훨씬 발달된 지능을 갖는 등 진화할 수 있었던 원인이고 미래 인간 장수의 열쇠라고 말한다. 무슨 의미인가?

손주 키우는 조부모, 언어 능력 향상

필자와 가까이 지내는 작가의 숙모 얘기는 놀라웠다. 그는 뇌졸중으로 병원에서 오래 살기 힘들다는 말을 듣고 주변 사람들과 이별 인사까지 나눴다. 그 후 손자가 태어났는데 손자를 바라보는 숙모의 눈빛이 조금씩 살아났다. 손자와 같이 지내면서 자주 웃게 되고 건강이 빠르게 호전돼 지금은 10년째 잘 살고 있다. 손자가 할머니의 생명을 살린 '최고의 치료제'였던 셈이다.

웃음이 머리 앞부분의 '전두엽 피질' 부위를 자극해 통증 완화 효과가 있는 호르몬인 엔도르핀을 생산한다는 사실은 이미 확인됐다.

2014년 미국 학회지 『결혼과 가정』에 보고된 바에 의하면 손주를 돌보는 50~80세 할머니와 할아버지들의 두뇌 중에서 특히 언어 능력이 향상됐다. 종알종알거리는 손주들과 대화를 나누다 보면 언어 관장 두뇌 부분이 활성화된다는 얘기다. 치매의 첫 번째 원인이 뇌를 쓰지 않거나 신체 활동이 적은 것이다. 다시 말해 활발한 두뇌 활동은 최고의 '치매 예방약'이다. 실제로 1년 이상 손주를 봐준 미국 할머니의 40%, 유럽 할머니의 50% 이상이 치매 예방 효과를 얻었다. 특히 상황을 파악하는 인지능력이 개선됐고, 운동량이 늘어 근육량도 많아졌다. 이는 비단 피가 섞인 손주를 돌본 노인에게만 해당되는 얘기가 아니다. 재잘거리는 초등학생들을 돌봤던 노인들에게도 나타난 현상이다.

아이들이 할머니의 '보약'이라면 거꾸로 할머니는 아이의 '수호천사'다. 미국 『심리과학 경향지』(2011년)에 따르면 할머니와 같이 지내는 손주들의 15세까지 생존율이 57%나 높았다(할머니와 함께 지내지 않는 아이 대비). 이는 단순히 같이 놀아주는 것이 아니고 위험한 상황에서 아이를 지켜주는 '지킴이' 역할을 톡톡히 하고 있음을 의미한다.

또 할머니와 같이 지낸 아이의 발달도가 높다는 연구 결과도 나왔다. 이는 아이들의 인성 발달에 할머니의 역할이 크다는 것을 보여 준다.

할머니가 손주가 먹고 자는 것을 주로 돌본다면, 할아버지는 손주의 정신 발달을 돕는다.

소중한 사이, 할아버지와 손자

그리스 화가 게오르기오스 야코비데스(Georgios Jakobides)의 1890년 작품. 할아버지와 손주는 특별한 관계를 맺는다

『백치 아다다』로 유명한 소설가 계용묵은 그의 단편 「묘예(苗裔)」에서 "손자, 그것은 인생의 봄싹이다. 그것을 가꾸어 내는 일은 좀 더 뜻있는 일인지 모른다."고 썼다. 아이가 어릴 때는 주로 할머니들이 먹이고 재우고 업고 다닌다. 아이들이 더 커서 유치원생이나 초등학생이 되면 할아버지의 역할이 상당히 중요해진다. 유럽 할아버지 두 명 중 한 명은 손주들과 놀아준다. 이들은 손주들에게 집안의 내력이나 과학 얘기, 그리고 세상 돌아가는 이치 등을 전한다. 특히 아이와 뭔가를 함께 만드는 활동엔 할아버지의 역할이 더 크다. 이는 할머니와는 다른 차원의 두뇌 활동을 돕는다. 이문구의 성장소설 『관촌수필(冠村隨筆)』에서도 할아버지는 아이의 두뇌에 깊숙이 자리 잡는다. 소설에서 아이 아버지는 하루도 집에 있지 않고 외부로 돌아다닌다. 행여 아이와 함께 있는 날에도 가까이 다가가기 힘든 대상이었다. 아

버지가 바쁘긴 지금도 마찬가지지만 요즘은 엄마마저도 바쁘다. 직장에서 살아남아야 하고 친구들과 사회활동을 해야 한다. 아이들을 살갑게 대하기엔 우선 부모들에게 시간이 너무 부족하다.

반면에 할아버지와 할머니는 할 일은 적고 시간은 많다. 인생의 노하우도 쌓여 있다. 게다가 2대인 손주들에겐 1대인 자식들에게 느끼는 책임감과 압박감이 적어 한결 여유롭게 대할 수 있다. 조부모와 손주, 이런 2대가 잘만 지낼 수 있다면 더없이 좋은 궁합이다. 과학자들은 이런 궁합을 인간이 진화하고 장수하는 원인으로 꼽는다.

딸이 낳은 아이 돌보는 과정에서 인류 진화

침팬지는 인간처럼 45세쯤에 폐경을 한다. 폐경 이후에도 생존하는 침팬지는 3%도 안 된다. 반면에 인간은 동물 중 거의 유일하게 폐경 이후에도 25~30년을 더 산다. 도대체 무엇이 침팬지와는 달리 사람을 '만물의 영장'으로 만들었을까? 또 침팬지보다 30년을 더 살게 했을까? 그 답엔 '할머니'가 있다.

이른바 '할머니 효과(Grandmother Effect)'란 학설의 주 내용은 이렇다. 인류가 진화하던 어떤 시점에 폐경 이후에도 건강하게 활동하는 '어떤 여성'이 우연히 나타났다. 비록 이 여성이 폐경 이후에 새 자녀를 출산하진 못했지만 자기 딸이 낳은 아이, 즉 손주를 먹이고 돌보게 돼 딸이 더 많은 아이를 가질 수 있었다. 이 '여성'의 유전자가 인간의 번식과 진화에 유리해 인간이 침팬지보다 장수하게 됐다는 학설이다.

인간 진화를 설명하는 다른 학설로 '사냥설'도 있다. 인간이 사냥을 잘하려면 머리를 써야 하므로 두뇌가 커졌고 이것이 인간 진화의 원인이란 설이다. 하지만 아프리카 부시맨들을 관찰하면 '사냥설'보다는 '할머니 효과설'이 더 설득력이 있다. 아프리카 부시맨들은 지금도 사냥하고 나무 열매를 먹고 산다. 다시 말해 이들은 야생 침팬지나 야생 원숭이처럼 '수렵 시대'에 살고 있는 인류의 원형이다. 이 부족에서 나이 든 여성인 할머니들은 젖 뗀 손주들에게 열매를 따 주거나 식물 뿌리를 캐 먹이는 '손주 돌봄'을 한다. 부시맨 여성들은 다른 현대 여성들처럼 폐경 이후에도 전체 수명의 3분의 1을 산다. 여성들이 폐경 이후에도 오래 살아서 장수하게 된 시기는 '수렵 시대' 이전이므로 '사냥설'엔 허점이 있다는 주장도 제기됐다.

2012년 미국 유타대 호크스(K. Hawkes) 교수는 '할머니 효과'를 컴퓨터 계산으로 증명해냈다. 하지만 이 어려운 연구 논문보다 시골집의 풍경이 할머니가 인간의 장수에서 '중요한 역할을 한다'는 사실을 더 여실히 보여 준다. 3대가 모여 사는 집에서 손주들을 돌보는 일은 대개 할머니 차지다. 할머니가 바쁜 엄마를 대신해 아이들을 돌보기 때문에 엄마는 부담 없이 아이를 쑥쑥 낳는다. 할머니는 손주 보느라 부지런히 몸을 움직여 팔순이 돼도 근력이 유지된다. 게다가 한두 녀석을 옆에 끼고 잠이 들면 '노년의 외로움'이란 단어는 멀리 사라진다. 이런 이유로 복작복작한 3대 시골집은 어느새 장수촌이 된다.

필자의 한 대학 선배는 적어도 자손 번성엔 성공한 모델이다. 딸과 아들이 각각 3명, 2명의 아이를 낳았다. 부부 한 쌍이 평균 1.19명을 겨우 낳는 지금 한국의 출산 통계와 비교하면 두 배 이상의 '생산성'을 보인 셈이다. 이 배후엔 선배 부부의 적극적인 '손주 돌봄 작전'이 있었다. 선배는 딸이 결혼 후 직장을 잡고 임신하자 딸 집을 바로 친정집과 합쳤다. 태어난 손주는 친정엄마와 시댁 부모, 그리고 아이 부모가 각각 분담해 돌봤다. 때마침 정년을 맞은 선배도 손주를 실어 나르는 운전사 역할을 톡톡히 해 아이 보는 부담을 나눴다.

이 집에선 '손주가 올 때 반갑고 갈 때 더 반갑다'는 소리는 들리지 않았다. 오히려 손주가 떠나 있을 때는 얼굴이 어른거려 얼른 데려오고 싶다고 할 만큼 선배 부부에겐 큰 즐거움이 손주였다. 이런 도움 덕에 선배의 딸은 소녀적 꿈대로 세 명의 아이를 쉽게 가질 수 있었다. 장가든 아들도 같은 전략을 썼다. 이번엔 아들 집을 선배 집 근처에 구한 뒤 아들딸의 손주들을 함께 보기 시작했다. 손주 보는 방식은 역시 분담이었다.

탈무드 "노인은 집에 부담, 할머니는 보배"

노동의 분담이 '손주 돌봄'의 핵심이다. 할머니 혼자 돌보는 시간이 길어지면 오히려 마이너스 효과가 나타날 수 있다. 손주 돌봄에도 최적의 시간이 있다. 너무 길어지면 할머니는 피곤해지고 힘들어하며 우울해진다. 결국 며느리 앞에서 손주에게 밥을 씹어 먹이는 등 다른 꾀를 낸다. 식탁 행주로 아이 입을 무심코 닦아주거나 사투리가 섞인 영어를 가르치는 '묘안'을 실행한다. 이런 방법으로라도 손주 돌봄의 긴 중노동에서 벗어나고 싶어 한다. 손주 돌봄의 최적 시간은 각각 처한 상황에 따라 다르다. 미리 보육 시간, 보상 금액, 육아 방향 등에 대한 합의가 이뤄져야 손주 돌봄이 서로의 고통이 아닌 쌍방의 윈윈이 된다.

할머니나 할아버지가 여러 손주를 동시에 봐주면 아이들의 사회 적응력이 높아진다는 이론도 솔깃하다. 지난해 미국 『진화인류 학회지』에 보고된 바에 의하면 어린 손주 여러 명을 동시에 볼 경우 아이들은 자신들의 '모든 것'을 쥐고 있는 사람에게 잘 보이려고 눈을 계속 맞춘다. 조부모와 좋은 관계를 맺으려고 노력해 사회성이 좋아진다는 것이다.

필자의 어린 시절에도 6남 1녀 사이에서 눈에 보이지 않는 경쟁이 치열했다. 형제들과 잘 지냈을 때 부모님으로부터 상으로 과자를 받은 기억이 지금도 생생하다. '셋째 딸은 선도 안 보고 데려간다'는 옛말은 셋째 딸의 사회성이 높다는 의미로 읽힌다. '부잣집 외동딸'을 며느리로 쉽게 맞지 못하는 것은 사회성이 떨어질 것으로 우려해서다. 아이들은 여럿이 커야 사회성이 높아진다.

"노인이 집에 있는 것은 큰 부담이다. 하지만 할머니가 집에 있는 것은 보배다." 유대인의 철학과 지혜를 담은 책인 『탈무드』에 소개된 내용이다. 이 말속엔 요즘 우리나라의 최대 현안인 저출산·고령화 문제를 해결할 수 있는 열쇠가 있다. 열쇠는 출산 장려, 보육 지원 등 두 가지다. 이를 동시에 해결할 방법으로 '할머니'가 있다.

저출산 문제로 한국과 동병상련(同病相憐)의 고민을 안고 있는 싱가포르는 손주를 돌보는 할머니에게 연 250만 원을 지원한다. 우리나라도 일부 구청만이 아닌 전국적으로 지원을 확대해 '누이 좋고 매부 좋은' 손주 돌봄을 적극 도울 필요가 있다. 이는 국내 출산율을 높이는 데 크게 기여할 것으로 필자는 믿는다. 현재 한국은 경제협력개발기구(OECD) 최저 출산 국가이고, 최고로 빨리 늙어가는 나라다.

인체 면역세포에 '잽'을 날려라, 맷집 키우게(알레르기, 아토피 전쟁)

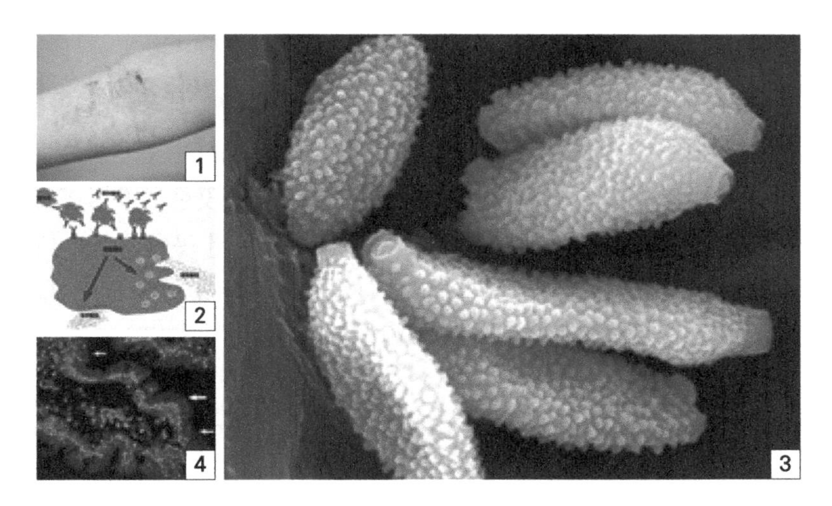

1 아토피 피부염

2 꽃가루 알레르기: 꽃가루가 몸에 들어오면 방어물질인 항체가 만들어진다. 꽃가루가 다시 들어오면 이 항체가 달라붙어 재채기와 콧물에 섞여 밖으로 내친다.

3 난초 꽃가루: 면역세포가 작은 돌기들을 적으로 간주하기 때문에 꽃가루 알레르기의 원인이 된다.

4 인체 장점막(적색, 청색)의 경계(화살표)에서 장내 세균이 면역기능을 단련시키면 면역 과민반응을 보이지 않는다.

여름철, 유난히 땀에 시달리는 아이들이 있다. 손과 발에 붉은 반점이 가득한 아토피 피부염 환자들이다. 특히 살이 접히는 부위는 더 심해 수시로 긁어대는 아이의 손을 잡아채는 엄마의 속은 시커멓게 타들어 간다(사진 1). 너무 긁어 진물이 나는 아이의 피부도 걱정이지만, 금방 나을 병이 아니라는 주변의 이야기가 엄마를 더욱 답답하게 한다. 이런 부모들의 귀를 솔깃하게 하는 이야기가 있다.

1966년 뉴질랜드령의 조그마한 섬인 도게라우에 태풍이 몰아쳤다. 이재민 1,950명이 도시로 이주했다. 도게라우섬은 문명과는 거리가 먼, 원시에 가까운 섬인 반면 이주한 곳은 깨끗한 수돗물이 콸콸 나오는 잘 정비된 현대 도시, 질병과는 거리가 먼 곳이었다. 14년 뒤 도시로 이주한 도게라우섬 사람과 아직 섬에 남아 있는 원주민의 알레르기성 질환을 조사했다.

알레르기 질환인 아토피 피부염과 알레르기성 비염, 천식이 이주민에게 모두 2~2.5배 높게 나타났다. 현대 도시에 사는 사람들이 원시 시골에 사는 사람들보다 아토피 피부염 같은 알레르기 질환에 잘 걸린다는 조사 결과다. 가끔 듣는 '어떤 사람이 시골에 가서 아토피 피부염을 고쳤다'는 이야기는 믿거나 말거나지만 이 조사는 1,950명을 대상으로 14년이라는 장기간에 비교 실험을 한 것이어서 신뢰도가 높다. 조사가 주는 메시지는 확실하다. 자연 속에서 사는 것이 알레르기를 낮춘다는 것이다. 그렇지만 아토피 피부염, 천식으로 고생하는 아이들을 위해 모든 가족이 도시의 아파트를 떠나서 시골로 이

주할 수는 없다. 더구나 10명 중 9명이 도시에 살고 6명이 아파트 같은 공동주택에 사는 곳이 한국이다. 도시에 살면서 알레르기를 예방할 수 있는 방안은 없는 것일까?

면역 반응의 두 버전, 공격형·수비형

아토피는 그리스어로 'Atopus', 즉 원인이 분명치 않다는 의미로 그만큼 원인이 복잡한 병이다. 하지만 원인 중 두 가지는 분명하다. 개인의 유전적 특성과 주변 환경의 영향이다. 예를 들어 부모가 아토피 피부염 환자였으면 자식이 그 질환에 걸릴 확률은 80%인데 그게 개인적·유전적 원인이다. 그리고 같은 뉴질랜드 섬 출신이라도 지금 사는 곳이 섬이냐 도시냐에 따라 발병률이 다른 것은 환경이 중요하다는 뜻이다.

아토피 피부염이 생기면 피부가 붉어지고 가려워져 긁게 되는데 그러다 진물이 나고 덧나서 더 가렵고 더 긁는 악순환이 되풀이된다. 보습제를 바르고 염증 연고를 바르지만 금방 낫지 않는 이유는 이게 단순히 한 곳만의 피부병이 아니고 몸 전체와 관련된 질환이기 때문이다. 간단히 말해 인체를 지키는 면역 기능에 오류가 발생한 것이다. 오류가 원위치 되기까지는 시간이 걸린다.

봄이 되면 괴로운 사람들이 의외로 많다. 코가 막히고 콧물이 줄줄 흐르며 재채기를 한다. 꽃가루 알레르기다. 알레르기(allergy)는 그리스어의 allos(변한다)+ergo(작용), 즉 '변화된 면역작용'이라는 뜻이다. 우리 몸엔 체내에 침투하는 외부 침입자를 격퇴하는 정상적인 면역작용이 있는데, 알레르기는 이 정상적인 방어가 잘못 '변화'해서 '과도하게' 반응하는 현상이다.

인체는 외부 침입자가 들어오면 두 가지로 반응할 수 있다. 하나는 공격해서 상대방을 무력화시킨 뒤 소화하거나 분해하는 '공격형 반응'이다. 이 기능은 주로 면역 담당 세포인 T-세포가 맡는다. 외부에서 침입한 병원균이나 바이러스는 이런 공격에 대부분 파괴된다. 면역 반응의 또 다른 형태는 '수비형'이다. 공격형 방어와 달리 상대를 파괴하는 대신 몸에서 내보낸다. 꽃가루 알레르기는 꽃가루가 우리 몸, 특히 기관지에 들어오는 것을 막는다. 점막의 면적을 늘려 들어오는 꽃가루를 빨리 잡아 몸 밖으로 내친다(사진 2, 3). 재채기하는 순간 콧바람 속도는 시속 200~400㎞로 엄청나게 빨라 들어오는 꽃가루는 즉시 밖으로 쫓겨난다. 아주 효과적인 퇴치 방법이다. 천식은 이런 알레르기가 심하게 일어나는 병이다. 허파와 연결된 기관지의 점막에 알레르기성 염증이 생기면서 기관지가 좁아져 색-색 소리가 나는 것이다. 알레르기 증상 자체는 괴롭지만 몸을 방어해 주는 이런 좋은 점도 있다.

알레르기가 이렇듯 인체에 득이 되는 정상적인 '퇴치 행위' 혹은 '경보 사이렌'이라는 학설은 2012년 과학 잡지 『네이처(Nature)』에 소개됐다. 아토피 피부염도 알레르기의 한 형태라면 그런 피부염이 있는 게 몸에 득이 된다는 말인가? 실제로 아토피 피부염과 천식이 동시에 있는 환자는 대장암 사망률이 17%나 낮다고 미국 알레르기 학회에 보고됐다. '알레르기가 인체에 득이 된다'고 해서 알레르기에 시달리라는 이야기는 물론 아니다. 다만 그런 긍정적인 점도 있으니 너무 절망만 하지 말라는 뜻이다.

꽃가루 · 진드기에 놀라 제 몸에 '총질'

지난 15년간 세계적으로 알레르기 환자는 2배 이상 증가했다. 특히 선진국인 미국, 유럽 인구의 40%가 아토피 피부염, 천식·알레르기성 비염에 시달리고 있다. 병으로 죽는 사람은 줄었지만 알레르기 환자가 늘어나는 기현상이 벌어지고 있는 것이다. 깨끗한 환경이 오히려 알레르기 관련 질환을 키우는 '아이러니'한 현상이다.

반대로 다른 생명체와의 접촉이 많으면 알레르기 질병이 적다. 좁은 공간에서 같이 사는 대가족의 아이들은 다른 사람의 균, 예를 들면 감기 바이러스 등과 자주 접하게 된다. 우리나라처럼 국이나 찌개를 같이 떠먹는 경우, 아이들은 다른 사람의 헬리코박터균을 접하게 돼 아토피가 적어진다. 특히 농가에서 가축을 자주 접하는 아이들의 경우 월등하게 아토피 피부염 발생률이 낮다. 이런 데이터가 의미하는 것은 많은 종류의 생물, 그중에서도 우리 몸의 면역을 자극하는 병원균이나 기생충 등에 접한 경험이 많은 아이들이 아토피 피부염 같은 알레르기 질환의 발생률이 낮다는 것이다.

우리 몸의 면역은 태어나면서부터 길들여져야 한다. 마치 새로 산 자동차를 길들이려면 고속도로에서 액셀을 힘껏 밟아 달리듯이 면역 시스템을 미리 가동시켜 줘야 한다. 병에 걸릴 만큼 강한 병원균이 들어와 면역 기능에 강력한 '펀치' 한 방을 날리면 딱 좋겠지만 그 정도가 아니어도 된다. 장내 점막은 인체 면역세포의 80%가 몰려 있는 곳으로 점막과 늘 접하는 장내 세균이나 기생충은 근처의 면역세포에 늘 살살 '잽'을 날린다(사진 4).

이런 잔매에 익숙해진 인체 면역세포들은 웬만한 세균만으론 호들갑스럽게 면역시스템 전체에 경보를 울리지 않는다. 즉, 외부 침입자 중 사소한 것들은 봐준다는 얘기다. 이런 '길들이기' 과정 없이 자란 아이의 면역체계는 아주 예민해서 사소한 외부 물질과 닿기만 해도 난리를 일으키게 된다. 꽃가루를 적으로 인식해서는 경보를 발령해 콧물을 줄줄 흘린다. 마치 대규모 전투가 벌어진 것처럼 예민하게 반응하는 게 알레르기의 본모습이고 아토피 피부염의 원인이다. 아주 예민해진 인체 면역체계는 심지어 자기 몸 안의 물질도 적으로 간주하고 공격한다. 이런 질환을 '자가면역 질환(autoimmune disease)'이라 부르며 아토피 피부염, 류마티스성 관절염 등이 해당된다. 결국 아토피성 피부 질환은 어릴 적에 길들이지 못해 너무 예민해진 면역체계가 꽃가루나 진드기처럼 흔한 물질에 놀라 자기 몸에 총질을 한 결과라고 봐야겠다.

아이가 흙에서 놀면 태열이 사라지는 이유

엄마 배 속에 있던 태아는 외부 침입자를 최대한 경계해야 하기 때문에 아주 예민한 상태로 면역체계를 유지한 까닭에 아토피 피부염 같은 '태열'이 있는 아이가 많다. 그런데 옛말에 '태열은 아이가 흙에서 놀면서 없어진다'고 했다. 흙이나 동물, 또래 아이들과 어울리면서 자연스럽게 외부 물질, 병원균들과 접하고 잔병치레를 하며 없어진다는 것이다. 이처럼 면역에 '잽' 같은 잔매를 맞은 아이들은 아토피 피부염에 걸릴 확률이 상당히 낮다. 지금 도시의 아이들은 흙에서 놀 기회도, 여러 가족과 접촉할 기회도 없다. 또 간단한 잔병에도 광범위한 항생제를 사용해 장내에서 면역 훈련을 하게 돕는 장내 세균도 줄어들었다. 그렇다고 이런 도시 아이들을 모두 농촌에 보낼 수는 없다. 다만 최대한 자연에서 시간을 보내는 노력이 필요하다.

아토피 피부염에 걸렸을 경우 치료 방법은 크게 두 가지다. 하나는 아예 피하는 방법, 즉 주위에서 아토피 피부염의 원인이 되는 물질을 모두 찾아 없애거나 접촉을 안 하게 하는 것이다. 다른 하나는 좀 더 적극적인 치료법으로 면역의 '맷집'을 키우는 방법이다. 최근 알레르기 물질을 조금씩 몸에 주사하는 방법이 연구·실행되고 있다. 예민해진 면역에 아주 약한 펀치를 날려 무뎌지게 하는 방식이다. 독일에서는 인체에 무해한 선충(nematode)을 장내에 넣어 기생충처럼 면역 기능에 작은 펀치를 날리도록 해 좋은 효과를 보고 있다. 물론 이런 인공적인 방법도 효과적이지만 자연적인 게 으뜸이다. 즉, 어릴 때부

아토피 피부염을 치유하는 방법은 어릴 때부터 흙 같은 자연환경과 자주 접하고 많은 사람과 함께 지내며 면역을 강화하는 것이다

일러스트 박정주

터 자연, 동물 그리고 여러 친구들과 친하게 지내는 방식이 가장 효과적이다.

수천 년 동안에 사회는 빠르게 문명화됐지만 인체는 아직 그렇게 빨리 변하지 않았다. 인체는 자연에서 지내던 그 상태 그대로이다. 이제 어릴 적부터 아이들을 온실 같은 아파트에서 밖으로 내보내 흙도 만지고 지렁이도 접하게 하고 친구들과 모랫바닥을 뒹굴며 놀게 하는 게 아토피 피부염 같은 '현대병'에서 벗어나는 방법이다. '자연으로 돌아가라'는 장자의 철학이 정답이다.

번데기의 추억… 곤충은 90억 인류를 구할 미래 식량(식용 곤충)

"이윽고 하늘이 캄캄해지고 대기는 메뚜기 떼의 날개가 부딪는 소리로 가득 찼다. 그리고 밭으로 소낙비처럼 떨어져 오는 것이다. 그냥 날아 지나간 밭에는 아무런 피해가 없었으나 일단 내려앉은 밭은 마치 겨울 밭처럼 푸른 잎 하나 볼 수 없게 되는 것이다."

펄 벅의 소설 『대지』에 나오는 '메뚜기 폭풍'의 묘사다. 메뚜기 떼의 위력은 실제로 대단하다. 소설처럼 하늘을 뒤덮으며 곡식을 싹쓸이한다. 2004년 서아프리카를 덮은 사막 메뚜기는 서울의 북한산부터 강남까지 채울 만큼 많아 마치 폭설이 내린 듯했다. 메뚜기 떼는 어떻게 동시다발로 출몰할까.

메커니즘은 이렇다. 건조한 사막에 비가 내려 풀들이 자라기 시작하면 땅속에 수면 상태로 있던 메뚜기 알도 부화해 10㎝ 크기로 자란다. 이 '큰 메뚜기' 떼들이 먹이를 찾아 이동하면서 그 지역의 농

좌) 아프리카 마다가스카르를 습격한 메뚜기 떼
우) 태국의 재래시장에서 팔리는 튀긴 곤충들

경지들은 초토화되고 수백만 명을 기아로 내몬 것이다. 2013년 3월에도 아프리카 남부의 마다가스카르섬을 '큰 메뚜기' 떼가 습격했다. 하루 곡식 1만t이 사라지면서 전국 경작지의 60%가 황폐해졌다(사진 1). '큰 메뚜기'는 한 번에 알을 100개 넘게 낳고 빠르게 자란다. 먹성도 좋아 곡물과 나무를 갉아먹고 자기 몸을 하루 만에 두 배로 불린다. 도무지 사람이 막아낼 재간이 없다.

수억 마리 메뚜기의 습격은 물론 큰 재앙이다. 하지만 이렇게 짧은 시간에 빠른 속도로 자라는 메뚜기를 잘 이용해 식량으로 만들면 거꾸로 좋은 기회가 되지 않을까. 지금 40~50대가 어릴 때 메뚜기는 가을 들판의 간식이었다. 그땐 구워 먹는 정도였지만 지금은 술자리의 고급 안줏감으로 애용되지 않는가. 하지만 논에 농약을 퍼부어 대면서 메뚜기는 모습을 감추었다. 최근 농약 대신 우렁이나 오리를 사용하는 친환경 농법 덕에 메뚜기를 다시 보는 것은 반가운 일이다.

누에, 생후 20일 만에 몸무게 1,000배로

메뚜기를 포함해 곤충을 인류의 식량으로 삼는 게 가능한 이야기일까. 영화 〈설국열차〉에서는 곤충으로 만든 '영양바'를 미래의 식량으로, 부족한 동물성 단백질원으로 소개했다. 영화 속의 과학은 상상이지만 대부분 멀지 않은 장래에 실현될 가능성을 예견한 것이다. 더구나 메뚜기는 우리가 즐겨 먹던 '스낵'이다. 상상이 아닌, 수년 내에 이루어질 현실일 수 있다.

2013년 유엔 식량농업기구(FAO)는 메뚜기를 비롯한 곤충을 식량으로 사용하는 방안을 제안했다. 메뚜기를 '날아다니는 벌레'가 아닌 '하늘이 주는 식량'으로 보기 시작했다는 것은 지구에 먹을 것이 부족하다는 이야기다. 요즘 같은 인구 증가 추세라면 2050년 세계 인구는 현재의 70억 명을 훌쩍 넘는 90억 명이 된다. 그렇다고 경지가 늘어나지도 않는다. 어떻게 90억 인구를 먹여 살릴 것인가. 2013년 현재 6명 중 1명은 먹을 것이 부족해 일일 최소 필수 영양의 40%인 1,000kcal도 못 먹으며 생명을 위협받고 있는 처지인데….

문제는 옥수수처럼 식물성 탄수화물은 구할 수 있다 쳐도 고기로 얻는 동물성 단백질의 공급이 절대 부족하다는 점이다. 콩 같은 식물성 단백질에 부족한 라이신 같은 필수 아미노산을 공급받기 위해서는 쇠고기·돼지고기 같은 동물성 단백질이 절대 필요하다. 비프스테이크, 돈가스, 치킨샐러드, 프라이드 피시. 우리는 레스토랑에서 쉽게 볼 수

곤충은 언젠가 '하늘에서 내려준 쇠고기'가 될 것이다

일러스트 박정주

있는 동물성 단백질이지만 기초 식량도 부족한 그들에게는 그림의 떡이다. 그들이 싸고 쉽게 구할 수 있는 단백질이 바로 곤충이다.

1960년대 한국은 아시아 최빈국이었다. 쌀 대신 보리나 옥수수로 탄수화물은 채웠지만 동물성 단백질을 어디에서 얻을 수 있었을까. 쇠고기는 구경도 못했다. 돼지고기도 1년에 한 번, 명절 때 아버지가 신문지에 둘둘 말아온 한 근이 전부였을 때 우리 입을 즐겁게 한 것은 번데기였다. 길거리나 심지어 축구장에서도 "뻔~ 뻔~" 소리와 함께 팔리던 그 번데기는 누에 양식의 부산물이다. 누에는 자라면서 명주실을 만든다. 태어난 지 20일 만에 몸무게가 1,000배나 늘 만큼 빨리 자란다. 누에 방에 들어가면 뽕잎을 갉아 먹는 소리가 사뭇 요란해서 빗소리 같기도 하고 공장 작업장에라도 들어선 것 같기도 하다. 이놈들은 눈에 보일 정도로 쑥쑥 자란다!

인간이 먹을 수 있는 곤충은 1,900여 종으로 딱정벌레(31%), 나비 혹은 나방 애벌레(18%), 꿀벌이나 개미(14%), 메뚜기와 귀뚜라미(13%), 잠자리(3%)가 있다. 얼마 전 방문한 태국의 재래시장에서 보니 튀긴 곤충은 상상외로 많았다(사진 2). 손이 쉽게 간 것은 그나마 메뚜기였다. 현재 60억 인구 중 아프리카·아시아·남미에 사는 20억 명은 오래전부터 메뚜기, 잠자리 같은 곤충을 먹었다. 아주 오래전부터 인간이 곤충을 먹었음을 보여 주는 과학적 증거도 있다. 예를 들면 오래된 인간 미라의 장내 변에서도 벌·풍뎅이의 흔적이 발견되었다. 또 성서에는 '요한도 광야에서 들꿀과 메뚜기를 먹었다'고 기록돼 있고 코란에도 메뚜기를 먹을 수 있는 음식으로 거론한다. 그렇다면 곤충에도, 예를 들면 쇠고기만큼의 영양소가 있을까. 답은 '예스'다.

곤충에는 주로 지방·단백질·아미노산·섬유소·칼슘·철·아연이 들어 있다. 식용 곤충으로 대표적인 딱정벌레 유충(mealworm)은 굼벵이와 같은 형태인데, 영양분을 소와 비교하면 아미노산의 경우 100g 쇠고기에는 27.4g, 유충에는 28.2g이 있다. 오메가3의 비율은 쇠고기·돼지고기보다 높고 단백질·비타민·무기물은 쇠고기·생선과 유사하다. 한마디로 굼벵이 형태의 곤충은 영양가 면에서 쇠고기와 비슷하거나 오히려 우수하다. 게다가 빨리 자라면서 동물성 식용 단백질을 금방금방 만든다. 같은 먹이를 단백질로 전환하는 효율성이 누에는 소의 두 배다. 동남아에서 많이 식용하는 귀뚜라미의 효율은 더 좋아서 소의 12배, 양의 4배, 돼지·닭의 2배다.

유엔이 곤충을 쇠고기를 대신할 우수 식량원으로 생각하는 또 다른 중요한 이유 중 하나는 지구온난화 때문이다. 지금 상태라면 온난화는 더욱 심해져 지구 평균 기온이 2050년엔 지금보다 최고 6.4도나 높아진다고 미국 국제식량연구소는 2011년 보고했다. 문제는 온난화에 소가 한몫 단단히 한다는 점이다. 소의 소화 작용 때문에 발생하는 메탄가스가 지구 복사열을 잡아 유지하는 효율은 이산화탄소보다 30배나 높다. 그래서 온난화 요인의 18%가 소 사육 때문인 것으로 지적된다. 따라서 소를 키워 동물성 단백질을 얻지만 지구온난화라는 부작용에 시달리는 대신 환경에 거의 영향을 주지 않는 '곤충 양식'이 미래의 식량으로서는 제격인 것이다.

빨리 자라고, 단백질 잘 만들고, 그리고 환경적으로도 탁월한 메뚜기 같은 곤충을 미래 식량으로 만드는 데 어떤 어려움이 있을까. 영화 〈설국열차〉에 답이 있다. 영화에선 열차 내 빈민층의 주식으로 '양갱'이나 '영양바' 같은 먹거리를 공급하는데 이게 바퀴벌레를 갈아 만든 것이다. 이 장면에서 대부분의 관객은 '웩' 소리를 지를 만큼 역겨워한다. 감독의 천재성이 발휘되긴 했지만 미래 식량으로 연구되고 추진되는 점을 배려해 바퀴벌레 대신 누에 번데기를 사용했으면 어떨까 하는 아쉬움이 든다.

호주선 '하늘의 새우' 귀뚜라미 요리 등장

요컨대 곤충을 식량으로 발전시키려는 나라들이 직면하는 가장 큰 어려움은 곤충을 먹는다는 것에 대한 거부감이다. 태국 시장에서 보았던 곤충 중에서도 매미와 잠자리, 그리고 털이 숭숭 난 거미류에는 차마 손이 가지 않았는데 이는 저렇게 징그럽게 생긴 벌레가 내 입으로 들어간다는 것에 대한 거부감이다. '스멀스멀한' 뭔가가 몸속에 들어간다니! 으~몸서리가 쳐진다. 이런 현상은 서구에서 특히 심한

데 그들은 곤충 식용을 원시적이고 미개한 풍속으로 치부하고 심지어는 터부시한다.

곤충에 대한 혐오감은 오랜 시간에 걸친 역사와 문화의 결과여서 이를 바꾸려면 많은 노력이 필요하지만 이것도 마음먹기에 달렸다. 미국의 인디언들은 오래전부터 귀뚜라미를 간식으로 먹었다. 그러다 새우를 처음 보고는 '바다의 귀뚜라미'라고 불렀다. 거부감을 아예 갖지 않았기 때문에 먹기도 쉬웠다. 비슷한 사례는 최근 호주에서 나왔다. 귀뚜라미 요리가 등장했는데 거부감을 없애기 위해 귀뚜라미를 '하늘의 새우'라고 부른 것이다. 하긴 둘 다 모양이 비슷한 절지동물이다. 결국 어떻게 생각하느냐에 따라 먹는 데 부담을 가질 수도, 그렇지 않을 수도 있다. 모양 때문에 먹기 힘들면 모양은 없애고 영양분만 뽑아낼 수도 있다.

〈설국열차〉에서처럼 인류의 온난화 대처가 늦어지면 지구가 진짜 위험해진다. 그걸 막으려면 영화가 주는 지혜를 활용해야 한다. 최후의 식량으로서의 곤충이 아니라 지구를 위험에서 구할 최고의 식량으로 곤충을 대접하는 것이다.

200살 파킨슨에 맞선 사람들

암 진단을 받으면 '이제 죽는구나'라는 생각이 든다. 눈앞이 캄캄해진다. 하지만 대부분 암은 조기 발견하면, 퍼지지 않으면, 생존율이 90% 이상이다. 정작 어려운 것은 치료법이 없는 난치병이다. 파킨슨, 치매 등 퇴행성 두뇌 질환은 치료제가 아직 없다. 진행 속도를 늦출 수 있다면 그나마 다행이다. 1817년 영국 의사 제임스 파킨슨은 손이 떨리는 뇌 질환을 처음 학계에 보고했다. 그의 이름을 딴 파킨슨병은 금년 200주년을 맞는다. 이 병은 성경에도 언급될 만큼 오래된 병이다. 누가복음 13절 11장에 '18년 동안 귀신들려 몸이 다 구부러지고 전혀 몸을 들지 못하는' 한 여자 이야기가 나온다. 구부러진 자세, 움직이기 힘든 다리는 전형적인 파킨슨 증세다. 복싱 전설 무하마드 알리는 LA 올림픽에서 떨리는 몸으로 성화를 옮겼다. 그는 42세에 파킨슨 진단을 받았다. 파킨슨은 근육이 잘 안 움직인다.

두뇌 흑질에서 생산된 도파민이 근육운동을 조절한다. 파킨슨은 도파민 생산세포가 죽어 나간다. 저명 학술지 『네이처』는 환자 두뇌의 비정상 단백질 덩어리가 '외부 적'으로 간주, 면역 공격을 받는다고 밝혔다. 결국 제 몸에 총질하는 '자가 면역'이 파킨슨병을 일으킨다는 이야기다. 현재 가능한 대응 방법은 도파민 원료인 '레보도파'다. 이 약을 먹으면 뇌 속에서 도파민으로 변한다. 하지만 이 약은 치료제가 아닌 증상 완화제다. 약을 먹으면 즉시 청년처럼 몸 근육이 제대로 움직인다. 하지만 약 기운이 떨어지는 4시간 후에는 다시 엉거주춤한 파킨슨 노인이 된다. 장기 복용 시 내성에 따른 부작용이 생기기도 한다. 다른 방법은 두뇌 수술이다. 두뇌에 전극을 꽂는다. 가슴에 삽입한 배터리로 전기 자극을 주면 근육운동이 정상으로 된다. 하지만 치료가 아닌 현상 유지 방법이다. 최근 죽어버린 도파민 생산세포를 보충하는 방법이 개발되었다. 이웃사촌 세포인 '성상세포'를 도파민세포로 변환시켰다. 근본 치료가 가능한 방법이다. 하지만 쥐를 대상으로 한 결과다. 인간에게 적용하기까지는 넘어야 할 산이 많다.

결론적으로 파킨슨은 아직 근본적인 치료제가 없다. 그나마 늦추면 다행이다. 파킨슨이 단순히 손 좀 떨리고 걷기가 불편할 정도면 괜찮다. 참으면 된다. 하지만 치매, 불면, 분노, 우울증이 동반한다. 손만 떨리는 것이 아니고 수명이 단축되어 일찍 죽을 수 있는 병이다. 미국인 연 사망자 중 파킨슨은 0.9%로 14번째 사망 순위다. 파킨슨은 주로 50대 이후에 발병한다. 발병이 되면 제대로 건강 장수를 누리기는 쉽지 않아 보인다. 21세기는 100세 장수 시대다. 현재 평균 수명이 남 81.4, 여 86.7세다. 조선 시대 평균 수명이 35세인 것이 비하면 급격히 수명이 늘어났다. 하지만 건강하게 살다가 '자연사'하는 경우는 1/3이다. 나머지 2/3는 만성질환, 암으로 사망한다. 결국 마지막 10년은 자리보전할 가능성이 2/3다. 파킨슨으로 수명이 좀 줄기로서니 그렇게 억울해할 필요는 없다는 이야기다. 실제 파킨슨 환자는 50%가 80세 이상까지 생존한다. 즉 몸이 어정쩡해지고 걷기 힘들고 손이 좀 떨려서 그렇지 잘만 견디면 된다.

'잘 견디면 된다'라는 이야기는 정상인이 파킨슨 환자에게 전하는 위로용 멘트가 아니다. 미국 유명 칼럼니스트인 마이클 칸슬리가 자서전 『처음 늙어보는 사람들에게』에서 쓴 이야기다. 마이클 칸슬리는 42세에 파킨슨 진단을 받았다. 그는 8년을 혼자 끙끙 앓았다. 남에게 들키지 않기를 바랐고 공개적으로 밝힌 후에도 동정 어린 시선을 받는 것이 너무 싫었다. 그는 그만의 유머로 힘든 시기를 극복해냈다. 뇌수술로 전극을 두뇌에 삽입한 후에도 그의 익살은 여전했다.
'이봐, 나 이제야 머리에 철(전극)이 들었네, 하하하'

보통 사람이 자기가 앓고 있는 난치병을 남에게 알리기는 쉽지 않다. 하물며 파킨슨병을 소재로 남을 웃길 수 있는 긍정적 사고 원천은 무엇일까. 그는 죽을 때까지 한 인간으로서 자존심을 유지할 수 있기를 원했다. 병이 내 몸을 부자연스럽게 할 수는 있지만 내 정신은, 내 자존심은, 내가 지킨다는 그의 신념이다. 그 바탕에는 '인간은 누구나 죽는다'가 깔려 있다. 명성보다는 평판이 남겨진다는 신념이 그를 웃을 수 있는 파킨슨 환자로 만들었다. 그의 유머, 긍정적 태도 때문일까. 그는 42세에 발병했지만 67세인 지금도 활발하게 글쓰기와 강연을 하고 있다. 예일대 연구에 의하면 '노인은 쓸모없다'고 생각하는 사람들이 퇴행성 질환(치매)에 더 걸린다. 뇌는 생각만으로도 세포 연결이 튼튼해지고 새로운 뇌세포도 형성된다. 소위 '가소성(plasticity)' 이론이다. 뇌는 지금보다 좋아질 수 있다. 마이클 칸슬리는 가소성 이론의 산증인이다.

파킨슨병을 딛고 수필가로 등단한 최세환(70세) 씨 이야기가 신문에 전해졌다. 그는 글을 쓰면서 병의 공포를 이겨냈다. 과부 설움 과부가 제일 잘 안다고 했다. 같은 병을 앓고 있는 사람이 해주는 한 마디는 의사 백 마디보다 강하다. 마이클 칸슬리도 글 속에서 병을 녹여낸다. 최 작가는 글쓰기가 환자 마음을 다져 잡는데 최고라 한다. 국내 파킨슨환자협회는 환자들에게 글쓰기 강좌를 열 예정이다.

퇴행성 두뇌 질환은 주로 50세 이후 발생한다. 그런데 한참 나이인 30세에 파킨슨병에 걸린 사람이 있다. 영화 〈백 투더 퓨쳐〉(1985, 미국) 주인공인 '마이클 폭스'다. 주저앉는 대신 그는 용기를 낸다. 언론에 병을 공개했다. 이후 파킨슨병 홍보대사로 나선다. 치료 연구를 지원하기 위해 국회에도 약 먹지 않은 상태로 나섰다. 떨리는 손, 떼기 힘든 발을 그대로 보여 주었다. 모하메드 알리가 파킨슨병의 확실한 홍보 선구자였다면 마이클 폭스는 든든한 연구 후원자였다. 재단을 설립하고 치료제 개발 연구비를 지원했다. 재단 연구 결과는 유명 학술지 『네이처』에도 실릴 정도다. 그는 배우다. 그가 참여한 영화에

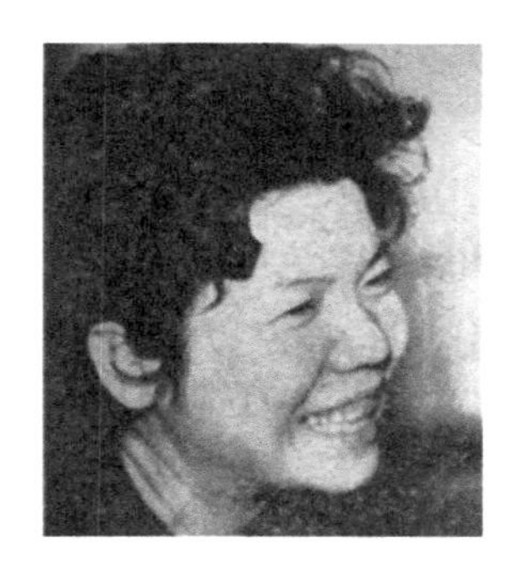

사진 『빙점』. 작가 미우라 아야코.
파킨슨 병마 속에서도 수많은 작품을 써 냈다

서도 파킨슨병을 알렸다. 〈굿와이프(Good wife)〉는 작년 미 CBS 인기 드라마로 한국 버전도 만들었다. 마이클 폭스는 파킨슨병에 걸린 변호사역을 맡았다. 확실하게, 유쾌하게 병을 알렸다. 그가 55세의 실제 파킨슨 환자임을 필자는 알고 시청했다. 진정한 배우란 어떤 사람인가를 확실히 알려준 드라마였다. 무엇이 그를 파킨슨 치료의 '굿맨(Good Man)'으로 만들었을까.

이 물음에 답을 준 사람이 있다. 젊은 시절, 결핵성 척추로 꼼짝 못하는 13년 고통에서도 글을 계속 써 내려간 소설 『빙점』의 작가 미우라 아야코이다. 그녀 역시 파킨슨 환자였다. 갖은 병 속에서도 그녀는 남편의 도움을 받아 글을 써 내려간다. 그녀는 인간이 죽음을 앞둔 어려움 속에서도 인간다움을 잃지 않는 방법을 알려 주었다.

'비싼 보석을 얻으려면 비용을 지불해야 합니다. 아프지 않으면 볼 수 없는 성전이 있습니다. 나는 나입니다. 나는 그런 목적으로 태어났습니다. 내가 가진 것을 남에게 주어야 합니다. 삶이 끝날 때까지 나만의 인생을 바쳐야 합니다.'

다윈과 멘델, 행운의 과학자들

지금으로부터 150년 전 다윈이라는 생물학자가 『종의 기원』이라는 책을 냈다. 지금으로 치면 아마도 '외계인의 기원' 정도에 해당되는 책을 쓴 정도가 아닐까. 그때까지만 해도 신에 의한 창조설이 세상을 지배하던 때라 인간의 조상이 원숭이의 조상과 같다는 학설을 내놓았으니 세상이 시끄러울 수밖에 없다. 당시 신문에는 다윈을 원숭이에 풍자해서 그린 만화가 돌아다닐 정도였다.

하지만 우리가 생각하는 만큼 모든 과학자가 완전히 그의 이론을 무시한 것은 아니고 일부에서는 진화론을 믿고 있었다. 지금 이 시간에도 외계인의 존재를 믿고 있는 사람들이 일부 있으나 대부분의 사람들은 부정하는 것과 같은 상황이다. 하지만 우리의 상상과는 달리 그 당시에도 진화에 대하여 실제 실험을 하고 있던 과학자들이 있었다.

그중에는 고등학교 생물 교과서의 감초격인 멘델도 있었다. 다윈이 먼저, 그리고 멘델이 몇십 년 뒤에 태어나서 둘 다 생물학, 특히 유전학에 중요한 업적을 남겼다. 다윈이 유전에 관한 이론을 세워서 주장한 사람이라면 멘델은 실제 실험으로 증명한 사람이다. 한 사람은 유명한 책을 써서 우리의 기억에 남고 또 한 사람은 완두콩을 가지고 온갖 실험을 통해 생물 교과서에서 얼굴을 보여준 사람이다. 그런 이유에서 아마도 두 사람 중 이과계열의 학생들에게는 멘델이, 문과 계열에게는 다윈이 더 기억에 남지 않을까. 그만큼 유전의 실험을 한 멘델의 경우는 독특하다.

자격시험에서 생물의 점수가 가장 나쁘고도 수도원에서는 다시 완두콩을 가지고 실험을 한 멘델을 보면 그에게는 수도승이라는 직업이 하느님이 내려준 최고의 직업이 아닌가 한다. 또한 완두콩이라는 식물을 대상으로 삼은 것도 하느님의 숨겨진 계시가 아닌가 한다. 만일 교배 및 성장에 시간이 걸리는 다른 동, 식물을 택했거나 모양이니 성질이 잘 구분되지 않는 예를 들어 감자, 고구마 등을 골랐다면 그렇게 많은 실험을 할 수 있을까? 그런 의미에서 시간이 비교적 많은 수도승이라는 직업, 또 수도승이 늘 쉽게 키울 수 있는 완두콩을 대상으로 한 점에서 이미 절반의 성공은 예견된 셈이다. 소위 운이 맞은 셈이다.

하지만 행운도 준비된 사람에게만 온다는 말이 있다. 멘델도 어느 날 갑자기 유전 공부를 한 것이 아니고 어릴 적부터 생물에 관심이 많던 아이였고, 또 그 분야에 꾸준히 공부했으니 가능한 이야기다. 일찌감치 싹이 보였던 셈이다. 싹이 틀 수 있는 씨앗이 흙과 물을 만나는, 미리 준비된 경우에만 꽃을 피울 수 있는 소위 행운을 얻는 것과 같다고나 할까. 세상에 공짜는 없다.

멘델이 수도원에서 매일 콩을 관찰하면서 연구를 하는 노력형으로 성공한 학자라면, 다윈은 유전학에 관한 이론을 많은 부분 머리에서 고안해 낸, 조금은 천재적인 기질을 보인다. 미리부터 생물학에 관심이 있었기보다는 의사, 신부 등 비교적 귀족다운 배경에서 공부에 별로 재미를 못 붙이다가 행운을 만난다. 바로 그 당시로는 아주 드물게 장기 여행을 남아메리카, 아프리카로 가게 된 것이다. 생물학에 입문한 지 얼마 안 되는 그에게 이 여행은 완전히 생물학에 몰입하는 계기가 된다. 여행은 누구에게나 무언가를 남긴다. 다윈에게 어떻게 사람이, 나무가, 파리가 진화하는가 하는 영감을 주게 된다.

멘델에게 유전학 실험을 할 여건을 만들어 준 것이 하느님이 준 수도승이라는 최적의 직업이었다면, 다윈에게는 하느님이 무엇을 주었을까. 여행 중에 그는 진화에 대한 이론을 노트에 적는다. 아마도 남아메리카의 밀림에 가서 하느님의 선물을 만나지 않았을까? 밀림이 하늘을 덮고 있는 곳에서는 바닥에 있는 넝쿨이 맥을 추지 못하는 것을 보면서 하늘로 오르도록 변화, 진화하는 넝쿨만 선택되어 자연에서 살아남는다는 소위 자연선택설을 어느 순간 떠 올리게 되지 않았을까? 이것은 나의 상상이지만 아주 그럴듯하다. 다윈은 밀림에서 하느님을 만났음에 틀림없다. 마치 모세가 광야에서 하느님을 만나듯이 말이다.

하지만 다윈에게도 하나의 진리는 적용된다. 즉, 행운도 준비된 자에게만 온다는 진리이다. 그가 여행을 끝내고 얻은 영감을 바탕으로 이 분야에 집중하여 『종의 기원』이란 책을 낸 것은 무려 20년 후에의 일이다. 20년 동안 이 분야에 꾸준히 힘을 쏟은 결과이다. 만약 그가 여행에서 얻은 영감을 그냥 생각에만 머무르게 했다면 그의 이름은 알려지지 않았을 것이다.

다윈처럼 세상을 뒤흔들 그런 영감을 얻으려고 지금 바로 여행을 떠날 필요는 없다. 물론 여행은 우리에게 많은 것을 남긴다. 때로는 다윈처럼 20년 후에나 빛을 볼 그런 영감을 주기도 하지만 말이다.

다윈이 여행 중에 떠올린 세 가지 생각, 이것이 『종의 기원』의 주 내용이고 유전학의 기본격인 대이론이지만, 그 내용을 보면 문외한들도 고개를 끄덕일 그런 단순한 내용이다. 물론 이 시대의 생물의 지식이 워낙 발달해서 이해가 쉽게 될지도 모르지만 말이다.

다윈은 진화가 이루어지려면 세 가지 조건이 필요하다고 했다. 첫째 진화의 주물질, 즉 유전자 DNA가 여하튼 변해야 하고, 둘째 그 변한 유전자가 어떤 식으로든 다음 세대에 전달이 되어야 하고, 마지막으로 변한 유전자가 그 세대에서 주류가 될 때만 비로소 변한 유전자로 인해 진화가 된다는 것이다.

사람의 경우를 예를 들어본다면 다윈의 세 가지 생각은 아주 잘 이해된다. 지금 지구가 점점 더워지고 있다. 만약 이 더워지는 속도가 사람의 유전자에 변화가 일어나서 사람이 진화가 될 수 있는 속도라는 가정이라면 사람은 더워지는 기후에 맞도록 진화할 것이다. 우선 첫 번째 조건으로 사람의 유전자가 변해야 한다. 실제로 사람의 유전자 변할까? 생물 혹은 과학 시간에 흥미가 없는 사람이라도 생물의 모든 유전자는 조금씩 변이가 스스로 일어난다는 것을 알고 있을 것이다. 물론 대부분 원래대로 교정되지만 아주 작은 확률로 유전자가 변했다고 하자. 또 정자나 난자 등을 생산하면서도 변이가 일어나기도 한다. 이제 첫 번째 조건인 유전자 변이가 일어난 셈이다. 이제 둘째 조건인 변형된 유전자의 전달 순서이다.

사람의 경우는 유전자의 전달은 결혼이라는 과정을 통해 자식들에게 변형된 유전자가 전달된다. 남녀 두 사람의 유전자가 섞이면서 자식의 유전자가 변할 확률은 조금 더 높아진다. 이런 내용은 이제 TV 등에서 하도 많이 알려져서 유치원 다니는 아이들도 자기들을 다리 밑에서 주워왔다는 엄마의 얼버무림을 믿지 않는다. 하지만 다윈은 이런 사실을 구체적으로 제시하지는 않았다. 다만 그런 가능성, 그런 이론을 제시한 것이다.

다윈의 『종의 기원』에서 가장 핵심적인 내용은 세 번째 조건, 즉 적자생존에 의한 자연선택이 진화를 결정한다는 것이다. 첫째, 둘째 조건을 통해서 태어난 서로 다른 유전자를 가진 많은 인간 중에서 더워지는 날씨에 살아남는 자가 있을 것이다. 만약 세상의 기온이 40도를 넘는다면, 그리고 인간이 만약 에어컨 등의 보호를 받지 않고 자연에서 원시인처럼 살아간다고 하면 변화된 유전자 중에서 이런 더위에 살아남는 사람만이 살아남을 것이고 결국 인간의 유전자는 더위에 견디는 구조를 갖는 유전자로, 그런 인간으로 진화하게 될 것이다.

이런 생각은 지금 알고 보면 너무나 쉬운 생각이고 누구나 할 수 있다고 느낀다. 그런 의미에서라면 다윈이나 멘델이 행운아일까? 지금도 그런 생각은, 어느 분야에서건, 누구나 할 수 있다. 다만 다윈이나 멘델처럼 준비된 경우에만 그런 영감이 행운이 되는 것이 아닐까?
200년 전이나 지금이나 진리는 변함없다.

행운은 준비된 자에게만 온다.

근육이 100세 건강 장수의 key이다

양평 가는 자전거 길은 중간중간 오르막이 있어서 자전거 초보인 필자는 일행보다 뒤처지기 일쑤였다. 대학 시절엔 테니스와 축구를 즐겨 해서 나름대로 '만능 스포츠맨'이라고 자부하던 필자가 언제부터인지 슬금슬금 힘이 달려 청계산 등산에서도 뒤처지기 시작한 것이다. '뭐, 나이가 들면 별수 없지'라며 포기한 상태에서 발을 들인 자전거 동호회 첫 모임이었다. 첫눈에 들어오는 사람이 있었다. 나이는 필자보다 10년은 많아 보였다. 그런 그가 늘 선두를 달린다. 눈에 띄는 것은 유난히 큰 그의 엉덩이였다. 다른 회원들의 두 배는 족히 될 만했다. 큰 말이 자전거에 올라앉은 듯 그의 엉덩이는 실했고 움직이는 듬직한 근육은 어떤 오르막이라도 쉽게 치고 올라갈 만했다. 잠시 쉬는 시간에 어느 헬스장에 다니느냐고 물었다. 씩-웃던 그는 몸소 시범을 보인다. 뒷짐을 지고 '일어났다 앉았다'를, 기상 후와 취침 전에 50번씩 한다고 했다. 나이는 숫자에 불과하다는 소리가 그에게 잘 어울린다. 필자도 그를 따라 해보지만 부실해진 근육과 뼈 덕분에 '아이고-' 소리가 절로 난다. 건강에는 근육이 Key이다.

근육은 치명적 골절과 대사성 질환을 막는다

모시고 있던 어르신이 넘어져서 병원 응급실에 갔다는 지인의 이야기를 듣는 순간, '큰일'이 닥쳤음에 걱정이 된다. 노인이 넘어지면 골반 같은 큰 뼈가 부러진다, 아니 부스러진다. 노인들의 뼈는 점점 약해진다. 특히 여성들의 경우 뼈의 성분들이 빠져나가 '숭숭' 구멍이 뚫리는 '골다공증'이 생겨 집 안에서 미끄러지기만 해도 뼈가 부러지기 일쑤이다. 문제는 약해진 뼈가 쉽게 붙지 않는다는 것이다. '아이들의 부러진 뼈 두 개를 방 양쪽에 던져 놓아도 알아서 찾아가 달라붙는다'는 우스갯소리가 있다. 그만큼 아이들 뼈는 잘 달라붙지만 노인 것은 붙지 않아서 철심을 사용하는 '대수술'을 해야 하고 이 과정이 노인에겐 치명적이다. 대퇴부 골절 노인 환자의 80%가 4년 내 사망한다는 일본 정형학회 통계는 튼튼한 뼈가 생명에 얼마나 중요한가 알려준다. 뼈와 근육은 아주 밀접한 관계이다. 뼈에 붙은 근육으로 산을 오르고 계단을 내려갈 수 있고 눈길에서도 안 넘어진다. 이런 물리적 힘으로 몸을 지탱해주는 것이 근육이지만 근육은 또한 당뇨, 고지혈증 등 대사성 질환을 예방·치료할 수 있는 출발점이자 장수의 Key이다.

배가 불룩하게 나온 D 체형인 K는 '배둘레-헴'이 별명이다. 그는 뱃살을 그대로 방치하면 '죽음의 4중주', 즉 비만·당뇨·고지혈증·고혈압의 협주를 듣게 된다는 것을 이제 안다. 복부지방형 비만이 생기는 이유는 간단하다. 많이 먹고 적게 움직여서 남은 에너지가 지방을 만들고 이것이 신체 곳곳에 쌓이기 시작하는 것이다. 그곳이 배면 허리둘레가 늘어나는 것이고 간에 끼기 시작하면 지방간이 생긴다. 근육 사이에 지방이 끼면 근육이 잘 안 움직이고 약해진다. 복부지방은 피하지방과 달리 건강의 적이다. 피하지방은 어느 정도 유지되어야 대사에 도움이 되고 엉덩이를 받쳐주어 넘어져도 쿠션 역할로 뼈가 부러지는 것을 방지한다. 하지만 잉여 복부지방은 대사성 질환의 시작이다. 복부지방이 혈액 내로 녹아 들어가면 혈액 내의 인슐린이 제 역할을 못하게 되므로 더 만들어야 한다. 인슐린 제조공장인 췌장이 과부하로 서서히 망가진다. 당뇨가 온다. 당이 높아지면 혈액 내 콜레스테롤이 덩달아 높아지는 고지혈증이 생기고 좁아진 혈관을 압박하는 고혈압이 '죽음의 4중주'에 참여한다. 4개가 협주를 시작하면 언제 터질지 모르는 폭탄이다. 처음 출발점인 비만을 잡아야 한다.

근육이 비만의 '전문 킬러'이다. 근육이 운동을 하면서 나오는 '신호물질'이 지방세포에게 지방을 태우도록 명령한다. 즉 근육을 운동시키는 방법이 지방을 태우는 지름길이다. 따라서 근육의 양을 늘리는 것이 '죽음의 4중주'를 안 듣는 방법이고 넘어지지 않아서 병원에 눕지 않는 방법이다. 결국 근육이 건강 장수의 비결이다. 실제로 미국에서 건강하게 오래 산 사람들의 통계를 보면 근육이 많은 사람이 확실하게 장수했다. 그러면 근육을 어떻게 키울까? 헬스클럽에서 매일매일 역기를 들면 되나, 아니면 단백질이 많다는 돼지 목살을 먹어야 하나? 대학 시절 미스터 코리아에 출전했던 친구 K가 '배둘레-햄' 아저씨로 변했다. 필자가 기억하던 그는 대학 시절 역도부에 들어서 매일 역기를 들었다. 그리고 몸에 좋다는 무언가를 찾아서 먹었고 빵빵한 근육을 만들었다. 하지만 매일 이어지는 회식 자리, 그리고 운동 부족으로 두툼했던 근육이 모두 배로 이동해서 허리띠를 늘여야 했다. '몸짱'을 만들 목적은 아닐지라도 건강 장수를 위한 근육을 키우려면 두 가지, 즉 운동과 영양소 공급이 필수이다.

근육을 늘리려면 운동과 단백질이 필요하다

쫄티를 즐겨 입던 친구 K는 역기로 근육에 신호를 보낸다. 즉, 운동을 하면 근육세포가 '신호'를 받고 세포 내의 '스위치'를 켜서 근육 단백질인 콜라겐을 합성하기 시작한다. 세포가 커지면서 근육이 늘어나게 되고 결국 근육의 힘이 늘게 된다. 근육이 성장하게 되면 뼈도 충실해진다. 뼈가 약한 상태에서 근육만 튼튼해지면 안 된다. 이 두 개는 이와 잇몸처럼 서로 돕는다.

뼈의 주성분은 칼슘, 인 등 무기질(60%)이고 단백질이 20%이다. 운동 자극으로 콜라겐이 생성되어 칼슘과 달라붙어서 단단하게 뼛속이 채워지는 것이다. 근육을 늘리려면 '짧고 강한' 운동이 '길고 약한' 운동보다 좋다. 즉 천천히 걷는 것보다 뒷짐 지고 일어나기, 혹은 무게가 걸린 프레스를 발로 밀어내는 운동이 좋다. 아니면 몸을 세운 상태에서 계단을 똑바로 오르기도 자극이 된다. 근육을 키우기 위해 더 중요한 요소는 영양원, 특히 단백질, 그중에서도 분해가 된 단백질이 필요하다. 근육이나 뼈의 주성분은 콜라겐 같은 질긴 단백질인

데 이것을 만들려면 근육세포에 신호를 주는 아미노산이나 신호물질(IGF-1)이 필요하다.

우리가 먹는 단백질이 이런 신호물질을 만든다. 특히 가지 형태의 아미노산인 류신, 이소류신 등이 이 신호를 잘 보낸다는 연구 결과가 있다. 따라서 단백질 자체, 예를 들어 닭 가슴살을 먹는 것도 좋지만 단백질이 분해된 형태, 예를 들면 우유 단백질이 분해된 치즈나 요구르트가 더 효과적이다. 콩 단백질이 분해된, 즉 콩 발효물인 순한 된장, 짜지 않은 청국장이 유리하다. 이 경우 아미노산만 있는 영양제보다는 다른 영양원이 함께 있는 종합식품이 상호 시너지 효과를 내서 소장에서 흡수도 돕고 근육세포에게 '튼튼한 물질 만들기 시작!'이라는 신호를 잘 보낸다.

종합식품이 시너지효과가 있다

대학 시절 몸짱이었던 그 친구는 지금 돌이키면 영양소를 따로 챙겨 먹을 만큼 부유하지는 않았던 것 같다. 다만 무엇이든 잘 먹었던 기억이 있다. 당시 다른 친구들이 보기 드물었던 삼겹살에 집중할 때 그 친구는 상에 올라온 상추와 두부 부침 등을 싹쓸이했었다. 두부에 단백질이, 상추에 칼슘과 비타민C가 많다는 것을 미리 알았고 그것이 근육이나 뼈를 키우는 데 도움이 된다는 '비법'을 역도부 선배들에게 들었을 것이다. 그가 '배둘레헴'의 출렁이는 뱃살을 빼고 다시 예전의 '미스터 코리아'로 돌아가기는 어렵지 않다고 본다. 운동으로 근육을 자극하고 단백질 함유된 종합식품을 챙겨 먹으면 근육도 늘어나고 더불어 뼈도 튼튼해진다는 것을 이미 알고 있기 때문이다. 문제는 매일의 회식과 바쁜 일과를 벗어날 수 있는가이다. 결국 마음먹기 달린 것이 건강이다. 한 가지 묘책은 누구랑 함께 운동을 하는 것이다. 역도부에 들어가서 매일 하기 힘든 역기를 들어 올린 것도 '킬킬-' 거리던 동료가 있어서이다. 또 말 엉덩이 같은 엉덩이 근육을 보여준 '젊은 노인'인 자전거 동호인도 나에겐 도움을 준다. 제일 좋기로는 가족과 함께 하는 운동이다. 관악산의 깔딱 고개를 오르내리며 근육을 운동시키고 가족과 함께 먹는 청국장이야말로 '100세 건강 장수'를 이루기에 가장 가까운 지름길이다.

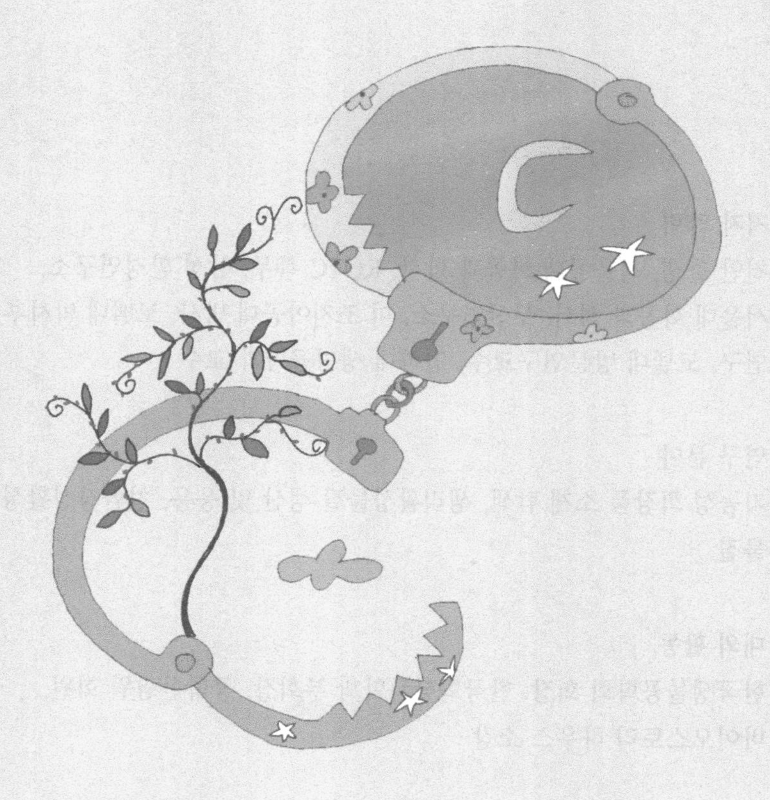

웃음의 힘

반칠환

넝쿨장미가 담을 넘고 있다
현행범이다
활짝 웃는다
아무도 잡을 생각 않고 따라 웃는다
왜 꽃의 월담은 죄가 아닌가

저자 약력

천안 출생, 서울공대 화공과 학사, ROTC 복무, 삼성 환경연구소, 서울대 화공과 석사, 두산연구소, 미 조지아공대 박사, 코넬대 박사후 연구, 코넬대 방문연구교수, 인하대 생명공학과 교수

연구 분야

기능성 화장품 소재 탐색, 생리활성물질 생산 및 응용, 친환경성활성 물질

대외 활동

한국생물공학회 회장, 한국화장품학회 부회장, 공학한림원 회원, 바이오스토리 하우스 소장

연구업적

SCI 급 저널: 130편 , 국내 논문: 20편, 특허: 40건(국제특허 6건)

상훈

인하대 연구상 2006, 인하대 교육상 2006, 2007, 2016
한국생물공학회 이수 엡지스 학술대상 2012, 교육상 2018
한국공학한림원 해동상 2020

저서

『피부나이를 거꾸로 돌리는 바이오 화장품』(2020)(전파과학사)
『미래의 최고직업 바이오가 정답이다』(2019)(전파과학사)
『톡톡 바이오 노크: 바이오 세상을 바꾸다』(2017)(전파과학사)
『쓸모없는 아이디어는 없다: 창의력 실전기술』(2017)(전파과학사)
『손에 잡히는 바이오 토크』(2015)(디아스포라)
『자연에서 발견한 위대한 아이디어 30』(2013)(지식프레임)
『나무에서 열리는 플라스틱』(2012)(공저)(서울대출판원)
『생명과학 교과서는 살아있다』(2011)(공저(동아시아)
『미래를 들려주는 생물공학 이야기』(2007)(공저)(생각의 나무)

바이오학자가 만난 소소(炤炤)한 사람들

밝고 환한

제2막의 시작

—
1 쇄 인쇄 2021년 01월 05일
1 쇄 발행 2021년 01월 12일
—
지은이 김은기
—
펴낸이 손동민
펴낸곳 디아스포라
주 소 서울시 서대문구 증가로 18, 204호
등 록 2014년 3월 3일 제25100-2014-000011호
전 화 02-333-8877(8855)
F A X 02-334-8092
홈페이지 http://www.s-wave.co.kr
E-mail diaspora_kor@naver.com

ISBN 979-11-87589-24-2 (03400)

* 디아스포라는 도서출판 전파과학사의 임프린트입니다.